빛깔있는 책들 301-2

약이 되는 야생초

글, 사진/김태정

대원사

김태정 ─────────────────

1942년 충남 부여에서 태어났다. 한국야생화연구소 소장으로 1980년대 민통선 북방 지역 및 서해 외연열도, 안마군도와 백두산 북부·동부·서부 지역 및 북한의 백두고원 학술 탐사, 독도 생태 조사 등의 각 지역 학술 생태 조사에 참가하였다. 주요 저서로『약이 되는 야생초』『집에서 기르는 야생화』『약용식물』『휴전선 155마일 야생화 기행』『우리 꽃 백가지』『어린이 식물도감』외 다수가 있다.

약이 되는 야생초

약이 되는 야생초

머리말

  우리 땅에는 계절마다 온갖 풀과 나무가 자란다. 그 중에는 먹을 수 있는 것들이 상당히 많을 뿐더러 사람의 몸을 보하고 여러 가지 질병에 약이 되는 것들도 적지 않다.

  문명이 발달하지 않았던 예부터 우리 선조들은 실생활에서 야생식물을 적절하게 이용할 줄 아는 지혜를 터득해 왔다. 인간뿐만 아니라 야생 동물이나 새들까지도 식물의 잎이나 꽃, 뿌리, 줄기, 열매 등을 이용해 위기를 벗어나거나 생명을 구하기도 했다고 전해진다.

  물질 문명과 과학이 발달할수록 현대인들은 건강과 장수에 더 많은 신경을 쓰고 있다. 그 결과 많은 사람들이 자연을 찾고 있으며, 드디어는 자연 건강식, 식물 자연식, 자연 미용식, 자연 장수식, 자연 건강 관리식 하는 따위로 건강 유지와 질병 예방에 온통 '자연'을 이용하려는 현대인들이 무척 많아졌다.

  우리 땅에는 흔히 잡초라 불리우는 야생초들이 수천 종 자라고 있는데, 그 중에는 영양분이 풍부하고, 질병의 치료에도 유용한 풀들이 대단히 많다.

　그럼에도 불구하고, 이러한 야생초들에 대한 인식이 아직도 부족하여, 그 이용율은 그다지 높지 않은 것이 우리의 실정이기도 하다.

　그러나, 인식이 부족하여 이용율이 낮은 것은 그리 큰 문제가 되지 않으나, 야생초에 대한 잘못된 지식으로 분별없이 사용하는 경우가 또한 없지 않다. 야생초 중에는 독성이 강해, 이를 잘못 식용했을 경우 인체에 치명적인 해를 주는 것도 있기 때문에 이를 다룰 때에는 반드시 정확한 지식이 요구된다.

　이 책은, 야생초 이용에 관한 각종 문헌을 참조하여 정확한 식물명과 각 지방마다의 속명, 그리고 실제 모양을 사진과 함께 실어 야생초의 이용에 실제적인 도움이 되도록 쉽게 정리하였다.

마타리 (敗醬, 黃花龍牙草, 野黃花, 女郎花, 馬草, 土龍草, 鹿腸, 苦菜, 澤敗) Parrinia scabi-osaefolia Fisch.

강양취, 가얌취, 가양취, 미역취, 패장(생약명), 마타리뿌리 등으로 불리는 마타리과의 여러해살이풀이다. 전국 산야지의 양지에서 흔히 자라는 풀이다. 1 내지 1.5미터의 높이로 자라며 8월에서 10월에 황색의 꽃이 피고 꽃대 줄기도 황색이 돈다. 11월에 종자가 익으며 식용, 관상용, 약용으로 쓰인다. 어린순을 삶아 나물로 먹는다. 화단에 관상초로 심으며 한방과 민간에서 안질, 화상, 단독, 정혈, 부종, 종창, 소염, 대하 등의 약제로 쓰인다.

주요 성분 쿠마린(Cumarin) 등과 망부릭의 성분이 함유되어 있다.

채취 방법 여름부터 가을에 이르기까지 꽃이 필 때 풀 전체를 뽑아서 햇볕에 말려 통풍이 되는 곳에 보관한다.

용도 패장이란 이름은 마타리 뿌리에서 된장 같은 냄새가 풍기는 데서 생긴 것이다. 한방에서는 최하약(催下藥)으로 쓰이는 와에 지혈약으로도 쓰인다. 「약용식물사전」에는 "민간에서는 마타리 뿌리를 달인 즙으로 눈을 씻으면 유행성 눈병을 다스린다. 또한 즙을 1일 8그램 가량씩 3회 복용하면 웅종, 부종, 토혈, 비혈, 대하증, 산후, 혈행(血行) 복통 등에 탁효가 있다"고 하였다. 「본초」에는 "마타리 뿌리는 어혈을 풀고 산후의 모든 병을 다스린다. 창, 옴, 단독, 눈병, 난정 등을 다스린다. 8월에 뿌리를 캐어 말려서 쓴다"라고 하였다. 「본초비요」에는 "배농 파혈(排膿破血)한다"고 하였다. 「약초의 지식」에는 "마타리는 악성의 대하증에 뿌리를 1일 8그램을 달여 마신다. 산후를 깨끗하게 하는데 1일 10그램 가량 달여 마신다"고 하였다.

산구절초

산구절초(仙母草, 九折草)　Chrysanthemum sibiricum Turcz.

선모초(생약명), 구절초 등으로 불리는 국화과의 여러해살이풀이다. 전국의 산지에 자라며, 특히 강원 산간에 많다. 50센티미터의 높이로 자라며 7, 9월에 백색의 꽃이 피고, 10월에 종자가 익는다. 식용, 관상용, 약용 등에 쓰이며 꽃을 채취하여 국화주를 담근다. 한방과 민간에서 건위, 보익, 신경통, 정혈, 식욕 촉진, 중풍, 강장, 부인병, 보온 등의 약재로 쓰인다. 화단 등에 관상용으로 심는다.

채취 방법　가을에 꽃이 필 때 줄기째 잘라서 그늘에 말리어 보관하며, 꽃을 필요로 할 때에는 꽃이 필 때 꽃을 따서 잘 말려 보관한다.

용도　예부터 부인병, 특히 보온용으로 민간에서 줄기와 꽃을 달여서 사용해 오고 있다. 또한 산구절초 술은 국화 특유의 향기와 함께 강장, 식욕 촉진 등에 좋다 하여 반주로 마신다. 꽃과 설탕을 적당히 배합하여 배갈이나 소주를 적당히 부어 1개월 후에 먹을 수 있는데, 그 향기는 어느 술에 비할 바가 아니다. 이 꽃은 가을 산에서 향기를 많이 내뿜는 국화 가운데 하나이다. (왼쪽, 오른쪽)

흰민들레(白花蒲公英, 朝鮮蒲公英)　Taraxacum coreanum Nakai.

하얀민들레 등으로 불리는 국화과의 여러해살이풀이다. 섬을 제외한 본토의 산야지에서 흔히 자란다. 30센티미터의 높이로 4월에서 6월 사이에 백색의 꽃이 피며 7, 8월에 종자가 익는다. 한방 및 민간에서 부르는 이름도 포공영, 백화포공영 등 거의 같이 사용한다. 민간에서는 민들레 잎을 먹으면 정력이 강해진다고 믿고 있다. 또한 민들레의 생잎을 씹어먹으면 위궤양과 만성 위병에 좋다고도 한다. 한방에서는 건위, 정혈제로 쓰인다.

「약용식물사전」에서는 "민들레 전초(全草)는 건위, 이뇨, 하혈, 최유(催乳)의 효과가 있는데 특히 건위, 최유의 효과는 현저하다. 기타 변비, 소화 불량, 간장병, 황달, 정혈, 각기, 수종, 천식, 거담, 자궁병, 식중독 등에 복용하면 효과가 있다. 1일 15 내지 20그램을 복용한다"라고 하였다. 「본초」에서는 "민들레는 부인의 유종(乳腫)을 다스린다"라고 나와 있다.

민들레는 열독을 없애고 안창을 소멸시킨다. 식독을 없애고 체기(滯氣)를 내리는데 기효하다.(「의학입문」) 민들레는 열독을 흩어버리고 식독을 푼다. 종핵(腫核)을 없애고 유종을 다스리는데 즙을 내어 바른다.(「본초비요」) 민들레 잎으로 샐러드를 만들어 먹고 오래 된 부종(浮腫)이 빠져 버렸다는 이야기가 있고, 여러 가지의 요리에도 쓰인다.(「약초의 지식」) 독충에 물렸을 때, 민들레즙을 내어 바르면 즉시 독이 풀린다.(「천금방」) 종기에 민들레즙을 바르면 심히 효과가 있다.(「본초비요」) 식도가 좁아서 음식 먹기가 곤란할 때 민들레 뿌리를 짓찧어 즙을 내어 마시면 신기하게 좋아진다.(「정승방」) 부인의 유종(乳腫)에 민들레를 짓찧어 바르면 낫는다.(「수진방」) (왼쪽)

민들레(蒲公英, 地丁, 蒲公丁, 黃花)　Taraxacum platycarpum Dahlst.

안질방이, 앉은뱅이, 무슨들레(함경도), 포공영(생약명) 등으로 불리는 국화과의 여러해살이풀이다. 전국의 산야지, 특히 들의 길가에 흔히 자라는 풀이다. 30센티미터의 높이로 자라며, 4월에서 6월 사이에 노란색의 꽃이 피고 종자는 6월에 익는다. 식용, 밀원용, 관상용, 약용 등에 쓰이며 어린순과 봄에 뿌리를 캐어 나물이나 영양 강장식 등으로 사용한다. 화단이나 화분에 관상용으로 심으면 어울리는 풀이며, 농가의 양봉용으로 매우 좋은 풀이다. 한방이나 민간에서 진정, 유방염, 강장, 대하증, 악창, 건위, 해열 등의 약재로 쓰인다.

주요 성분 루틴을 포함한 몇 가지의 성분이 포함되어 있으며, 한방에서는 "약성이 미고(味苦)하고 식중독을 제거하며 결핵(結核), 궤양(潰瘍), 옹종, 늑막염(肋膜炎) 등에 특효가 있다"라고 한다.

용도 ● 봄에 꽃이 피기 전에 뿌리의 잎, 꽃 등을 채취해서 잘 말려 둔다. 이것을 뿌리는 1회에 4 내지 8그램, 잎은 7 내지 10그램쯤 달여서 식사 전에 마시면 건위제(健胃劑)가 되고 강장, 해열, 침한, 소화 불량, 치질, 부종, 자궁병 등에 효과가 있다.

16

● 가을, 겨울에 걸쳐 굵어진 뿌리를 이른봄에 캐내어 잘 씻어서 1주일 정도 햇볕에 말린다. 보관할 때에는 습기를 피하는 게 좋다. 봄의 풀잎의 푸른 즙은 쓴맛은 있지만 건위제로 사용한다. 또한 해열, 발한(發汗), 강장에도 효력이 있고, 담즙의 분비를 왕성하게 하며 통변을 잘하게 한다. 줄기와 잎의 유액은 종기나 손등에 사마귀 난 데 바르면 효험이 있다 한다. ● 민들레주(蒲公英酒) 만드는 법은 봄에 꽃이 한창 필 때, 꽃과 뿌리를 채취한다. 꽃은 활짝 피기 이전의 것이 더욱 좋다. 뿌리는 시기에 구애받지 않지만 풀잎이 있어야 채취하기 좋다. 꽃과 뿌리는 잘게 썰어서 꽃과 뿌리의 2, 3배 분량의 배갈이나 소주를 붓고 설탕은 전체 분량의 3분의 1 정도 넣어서 1개월 후쯤 먹으면 된다. 해열, 천식, 가래의 제거에 좋으며 이뇨 및 건위에는 효과가 있다고 한다. 술이 익어가면 담황색으로 된다. ● 민들레는 겨울을 나기 위하여 가을부터 겨울에 이르기까지 뿌리에 영양분을 많이 저장하기 때문에 이른봄에 뿌리를 캐내면 땅 속 깊이 뻗어 들어간 비대한 뿌리를 얻을 수 있다. 이 뿌리를 씻어서 적당히 토막을 내어 기름에 튀기면 더없는 영양 강장 식품이 된다.(앞, 왼쪽, 오른쪽)

감국(甘菊, 野菊, 山黃菊, 九月菊, 女花, 女節, 節花 , 日精, 女莖, 黃花) Chrysanthemum ind-icum L.

들국화, 국화, 가을국화(생약명), 감국화(甘菊花), 고의(苦意), 들국화꽃 등으로 불리는 국화과의 여러해살이풀이다. 전국의 산야지와 인가 부근의 울타리, 밭둑 등에 흔히 자란다. 30 내지 100센티미터의 높이로 10월에 황색의 꽃이 핀다. 11월에 종자가 익으며 관상용, 식용, 공업용, 약용 등으로 쓰인다. 꽃으로 국화주를 담기도 하며, 화훼, 절화용 등 관상용으로 심기도 한다. 한방에서는 강심, 명안, 생단, 빈혈, 현기증 등에 약재로 쓰인다.

주요 성분 배당체(配當體)의 성분이 있다.

채취 방법 이 꽃은 두상화로 꽃의 둘레는 15개 내외의 노란 설상화(舌狀花)이며, 그 속에 다수의 관상화(管狀花)로 피어 있나. 관상화가 만개하였을 즈음 손으로 꽃송이를 따서 햇볕에 약간 말리고, 시루에 살짝 쪄서 다시 햇볕에 말려 건조한 곳에 보관하여 약재로 쓴다.

용도 ● 한방에서 두통, 풍열 등에 사용하며 안과용 약으로도 사용한다. ● 꽃은 약으로 쓰이고 어린순은 데쳐서 나물로 먹는다. 그리고 꽃으로 국화주(菊花酒)를 빚어 마시기도 하고, 꽃술은 약으로 먹기도 한다. 국화 가운데 식용과 약용으로 되는 종은 감국이다. 옛날에는 감국으로 여러 가지 요리를 만들어 먹었으므로 감국을 요리국(料理菊)이라 부르기도 했다. ● 한방에서는 감국의 꽃을 주로 두통약으로 쓰고 있다. 「약용식물사전」에는 "햇볕에 말린 감국 꽃을 달여 먹으면 감기의 두통, 어지러움증을 다스리며, 생잎으로 즙을 내어 독충에 물린 데, 치통 등에 바르면 좋다. 또한 즙에 식초를 섞어 두창, 습진, 기태종기에 바르면 유효하다. 국화주는 강장주(强壯酒)로 유용하다. 국화주를 제조하는 데는 꽃 4 내지 5돈 가량을 물 5홉에 달여 냉각하여 여기에 좋은 술 1.8리터, 누룩 4.5리터, 설탕 0.75킬로그램을 넣고 고루 저은 다음 감국 12 내지 15그램과 물 2.7리터를 넣고 잘 저어 용기에 넣어서 밀폐하여 3, 4일 두었다가 이것을 여과한다. 지해(止咳)에 감국 꽃을 달여 마신다. 두통이나 목통(目痛)에 1일 5그램의 꽃을 달여 마신다. 눈을 밝게 하고 귀를 들리게 하는 데 효험이 있는데, 꽃을 좋은 술에 담가 마신다. 머리털이 빠질 때 잎을 달인 즙으로 머리를 감고 머리밑을 잘 문지르면 빠지지 않는다. 술로 몸을 해친 사람은 꽃을 달인 즙을 계속 마신다. 마른 꽃이나 생꽃 모두 눈 치료 약으로 예부터 그냥 먹거나 달여서 마셨다"라고 씌어 있다. 「본초」에는 "감국은 장과 위를 편하게 한다. 오장을 보호하고 사지를 튼튼하게 한다. 풍현(風眩), 두통을 다스리고 시력을 좋게 하며 눈물을 거두게 한다. 또한 눈을 밝게 하며 풍한 습비(風寒濕痺)를 다스린다"라고 하였다.

다음은 여러 문헌에 전하는 감국의 효능이다.

머리 속이 윙윙할 때 감국 꽃을 진하게 달여 마시면 유효하다. (「경험방」) 악종(惡腫)에 감국 꽃과 줄기를 짓찧어 술에 타서 열복(熱服)한 후 땀을 내고 찌꺼기를 환부에 붙이면 즉시 효과가 있다.(「징효방」) 부인 유종(婦人乳腫)에 감국, 전초를 함께 짓찧어 술에 타서 마시고 찌꺼기를 환부에 붙이면 즉시 효과가 있다.(「기효방」) 부인 음종(婦人陰腫)에 감국 싹(苗)을 삶아서 뜨거운 탕의 김을 쐬고 나서 그 탕으로 씻으면 효험이 있다.(「응험방(應驗方)」) 비창(鼻瘡)에 감국 꽃을 말려 가루로 만들어서 하루에 5돈을 복음하면 효과가 있다. 소변 불통에 감국을 달여 마신다.(「다산방」) 종기의 근(根)을 뺄 때 감국을 짓찧어 소금을 조금 넣어 개어 환부에 붙이면 근이 빠진다.(왼쪽)

씀바귀(黃瓜菜, 遊冬, 苦菜, 苦菜芽, 苦苦菜) Lactuca dentata Makino var. flaviflora Makino.
subvar. thunbergii Makino.
썸배나물, 고들비, 쓴나물, 씀배, 참새투리 등으로 불리는 국화과의 여러해살이풀이
다. 제주도와 본토의 야지, 논둑이나 길가 둑, 약간 습기가 있는 곳에 자란다. 높이
30센티미터 정도이며, 5월에서 7월에 꽃이 핀다. 꽃은 밝은 황색으로 피며 7, 8월에
종자가 익는다. 식용, 관상용, 약용 등에 쓰이고, 봄에 어린 잎과 뿌리를 나물로 먹으
며, 화단이나 화분에 관상용으로 심는다. 민간에서는 진정, 최면, 건위, 식욕 촉진
등에 예부터 사용하였다.
주요 성분 제르마니쿰(Germanicum) 외 몇 가지의 성분이 있다.
채취 방법 이른봄 꽃대가 올라오기 전에 뿌리째 캐어 물에 깨끗이 씻어 사용한다.

용도 ● 예부터 봄에 쑥과 더불어 강장 식품으로 특히 남성들에게 나물로 먹게 했으며, 지금도 정력 식품으로 봄에 나물로 만들어 즐겨 먹는다. 나물은 쓴맛이 대단하지만 먹으면 식욕 촉진에 효과가 있다고 한다. ● 이른봄에 잎, 줄기, 뿌리를 캐어 데쳐서 물에 담갔다 나물로 갖은 양념을 곁들여 무쳐서 먹는데, 특히 이른봄의 미각(味覺)을 돋구어 주는 산채 나물이다. ● 민간에서는 봄에 씀바귀 나물을 많이 먹으면 여름에 더위를 먹지 않는다고 한다. 「본초」에는 "씀바귀는 오장의 사기(邪氣)와 내열(內熱)을 없애고 심신을 편하게 하며 악창(惡瘡)을 다스린다"라고 씌어 있다. 「의학입문」에는 "씀바귀 줄기에서 나오는 흰 즙을 사마귀에 바르면 스스로 떨어져서 없어진다"라고 적혀 있다.(왼쪽, 오른쪽 위, 아래)

머위(蕗, 款冬, 蜂斗葉)   Petasites japonicus Max.

관동화(款冬花), 머위 꽃봉오리 등으로 불리는 국화과의 여러해살이풀이다. 우리나라 제주도, 울릉도, 남부 지방과 중부 지방의 산야지, 특히 산골의 습기가 많은 논둑이나 민가의 울타리 밑 부근에 많이 자란다. 30센티미터의 높이로 자라며 3, 4월에 연한 황록색 바탕에 자주색 꽃술이 달린 꽃이 핀다. 6월에 종자가 익으며 식용, 관상용, 약용 등에 쓰인다. 봄과 여름에 잎과 잎자루 줄기를 나물이나 국거리로 먹으며 화단에 관상용으로도 심는다. 한방과 민간에서 종창, 안정, 건위, 수종, 식욕 촉진, 진정, 이뇨, 풍습 등의 약재로 쓰인다.

주요 성분   탄닌 등 여러 가지의 성분이 함유되어 있으며, 한방에서는 꽃봉오리를 관동화라 하여 약재로 쓴다.

채취 방법   머위 꽃봉오리가 이른봄 공 모양으로 땅에서 올라올 때 따서 그늘에서 말린다. 뿌리는 늦여름이나 가을에 캐면 좋다.

용도 ● 예부터 흔히 기침을 멈추게 하는데 꽃봉오리 말린 것을 달여서 사용해 오고
있다. 또한 뿌리와 줄기를 빻아서 환부에 바르면 타박상, 부기, 종기 등에 효과가
있으며 목구멍에 통증이 있을 때에도 사용된다. 이와 같은 치료에는 뿌리 말린 것을
합쳐서 하루 10 내지 15그램을 달여 마시면 좋다. ● 이른봄 꽃대가 나올 때에 꽃이
피기 전에 채취하여 달여서 마시든가, 또는 된장에 섞어 끓여 먹으면 해열, 가래 삭이
는 데, 기침을 멎게 하는 데에 잘 듣고 위를 튼튼히 하며 감기, 산기(疝氣), 선병질
(腺病質)을 없앤다. 특히 임신했을 때의 기침에 효험이 있다. 뜸질을 해서 생긴 창
(瘡)에는 꽃을 응달에 말리어 가루로 내어 바르면 좋다. 생선 중독에는 머위 즙을
마시면 효험이 있으며, 벌레에 물렸을 때에 이 즙(汁)을 바르면 효과가 있다 한다.
● 한방에서 로(蕗)라는 글자는 머위 꽃봉오리일 때의 이름이며, 이 꽃봉오리를 관동화
(款冬花)라고 부른다. 관동화는 원래 중국이 원산지이며 유럽이나 시베리아에도 자란
다. (왼쪽, 오른쪽)

우엉(牛蒡, 大方子, 土大同子, 黑風子, 大力子) Arctium lappa L.

우웡, 우방(생약명), 우방자, 대부엽(大夫葉), 서섬자, 악실(惡實 : 우엉 열매), 우방근(牛蒡根 : 우엉 뿌리) 등으로 불리는 국화과의 두해살이풀이다. 원래 인도가 원산으로 농가에서 재배한다. 1.5미터의 높이로 자라며, 7월에 암자색 혹은 백색의 꽃이 피고 9월에 종자가 익는다. 식용. 관상용. 약용으로 쓰이며 뿌리와 잎 등을 나물로 먹는다. 화단에 관상초로 심으며 한방과 민간에서 종자와 뿌리를 약재로 쓴다. 관절염, 해독, 풍열, 이뇨, 중풍, 각기 등의 약재로 쓰인다.

주요 성분 악티제닌(Arctigenin) 등 몇 가지 성분이 함유되어 있으며, 종기 등의 해독 작용을 한다.

채취 방법 채집 시기는 9월에서 11월이 좋다. 종자를 잘 말리어 한방 재료로 쓰고, 뿌리 말린 것은 민간에서 사용하며, 종자와 잎도 쓸 수 있다.

용도 ● 맹장염(盲腸炎)을 앓을 때, 석죽과의 별꽃풀 한 줌과 잘게 썬 우엉을 찻잔에 가득할 정도로 한다. 물 1.6리터와 함께 질그릇 약탕기 같은 (금속제가 아닌) 그릇에 넣어 약한 불로 양이 반으로 될 때까지 달여서 가능한한 많이 마신다. 1회 정도로 그 통증이 멎는 경우가 있으며, 자주 방귀가 나오고 대변이 잘 나와 병이 치료된다 한다. ● 목구멍이 부어서 아플 때는 1회에 종자(牛蒡) 2 내지 3그램을 달여 마시면 효험이 있다 한다. 목구멍에 가래가 차서 나오지 않을 때 생뿌리의 즙을 마셔서 기효(奇效)를 나타낼 때가 있다. 독충에 쏘였을 때 생뿌리의 즙 또는 잎사귀의 즙을 바르면 효과가 있다. ● 우엉을 우방자, 서점자라고도 한다. 농촌에서 똥독에 걸리어 그 부분이 부어 있을 때, 우엉의 뿌리를 찧어서 발라 놓으면 치료가 된다. "우방자는 약성이 미신(味辛)하고 창독(瘡毒)을 소염(消炎)하며, 풍열(風熱), 인후통, 두드러기를 치료하는 특효약이며 뿌리와 잎은 쇠붙이나 금속성에 다친 상처나 모든 종독(腫毒)을 치료한다"(「한방약효」)

참삽추(白朮, 蒼朮, 天生朮, 冬朮, 山蓮, 山薊)　Atractylodes coreana Kitamura.

백출, 창출 등으로 불리는 국화과의 여러해살이풀이다. 전국의 산지 특히 수림지 주변에 잘 자란다. 높이 30 내지 50센티미터의 높이로 자라며 7, 8월에 붉은색이 도는 백색의 꽃이 핀다. 10월에 종자가 익으며 식용, 관상용, 약용 등에 쓰인다. 봄에 어린 잎을 나물로 먹으며 화단에 관상용으로 심는다. 한방과 민간에서 건위, 해열, 중풍, 이뇨, 결막염, 고혈압, 현기증 등의 약재로 쓰인다.

주요 성분　엘레몰, 애트라크리치론(芳香) 등 여러 가지가 함유되어 있다. 한방에서 건위, 이뇨약(利尿藥)으로 쓰이고 있다. 그리고 양약에서도 창출(蒼朮)의 방향성 건위, 이뇨약으로서의 약효를 인정하고 있다.

채취 방법　이 풀우 지하경(地下莖)을 약재로 쓰는데 가을에 잎이 황색으로 물들었을 때가 좋다. 뿌리 줄기를 캐내어 흙을 털고 수염뿌리를 따내고 잘 씻은 뒤 건조시킨다. 이렇게 말린 것을 창출(蒼朮)이라 한다. 또한 창출의 표피를 벗겨낸 다음 말린 것을 백출(白朮)이라 한다. 이렇게 하여 만든 뿌리 줄기엔 애트라크리치론에 의한 특이한 방향(芳香)이 있다.

용도　●창출, 대황(大黃), 길경(桔梗), 진초(秦椒), 방풍(防風) 각 1그램에 계피(桂皮) 0.4그램을 섞는다. 또한 여기에 팥 등을 섞는 경우가 있다. 그리고 배갈이나 소주를 적당히 넣어 술을 담가서 정월 초하루에 마시면 1년 중 나쁜 병이나 모든 사기(邪氣)를 피할 수 있다고 전해진다. 옛날 민간에서 습기를 제거하는 효과가 있다 하여 여름 장마 때면 창고 안에서 창출을 불태우기도 했다고 한다. 이 연기는 의류의 곰팡이 방지도 된다고 한다.

도꼬마리(蒼耳, 蒼耳草, 卷耳, 耳璫, 道人頭)　Xanthium strumarium L.

뙤꼬리, 독고마리(생약명), 창이자(蒼耳子 : 도꼬마리 열매) 등으로 불리는 국화과의 한해살이풀이다. 전국의 야지(野地), 길가 혹은 구릉시 릉에 흔히 사란다. 1.5미터 정도 높이로 자라면 8, 9월에 연한 황색의 꽃이 핀다. 9월에 열매(종자)가 익는데 이 종자는 타원형으로 갈고리 모양의 가시가 열매 전체에 많아서 사람의 옷깃에 잘 붙는다. 이 열매를 도꼬마리(창이자)라 한다. 식용, 약용으로 어린 잎을 식용하고 한방과 민간에서 쓰인다. 진통, 금창, 충독, 수종, 배농, 편도선염, 중풍, 광견병, 습진, 발한, 관절염, 해독, 이뇨, 산후통, 치통 등의 약재로 쓰인다.

주요 성분　산토스트루마린(Xanthostrumarin), 황색 무결정형(黃色無結晶形), 배당체(配當體), 키산트스톨마린 등 여러 가지의 성분이 함유되어 있으며 종자(種子)를 이용한다.

채취 방법　8, 9월에 익은 종자를 채취하여 잘 말려서 보관한다.

용도　● 가시가 달린 열매 말린 것을 1일 3 내지 6그램씩 달여 마시면 감기, 해열, 발한, 두통, 신경통, 축농증 등에 효과가 있다 한다. ● 민간에서 흔히 줄기와 잎을 쥐어 짠 즙을 개에게 물린 데, 모기 물린 데 바르면 효과가 있다 한다. 말라리아에 걸렸을 때 가시가 있는 열매를 볶아서 가루로 낸 것을 술에 타서 복용하면 좋다고 한다. 두통에는 도꼬마리의 열매, 천궁(川芎), 당귀(當歸)를 똑같은 양으로 적당히 섞어서 가루로 만든 것 5그램을 잠자기 직전에 마시면 좋다. 술을 많이 먹는 사람은 이 열매 10개 가량 태워 재로 만들어 마시면 술이 싫어진다고 한다. ● 한방에서는 창이자를 발한, 해열, 진정약으로 쓰이고 있다. 도꼬마리 줄기에 기생하는 벌레는 종기, 독창에 특효가 있어 예부터 민간약으로 사용되어 왔다. 「약용식물사전」에서 "창이자는 해열, 발한, 두통, 눈병, 상한(傷寒)에 1회 8 내지 10그램을 달여 마신다. 줄기와 잎은 옴, 습진에 바르며 생즙을 개에 물린 데나 벌에 쏘인 데 바르면 신통약이 된다"라고 하였다. 「본초」에서는 "독고마리는 두풍, 한통, 풍습, 사지의 마비통 등 일체의 풍습을 다스린다. 골수(骨髓)를 메우고 허리, 무릎을 데워 주며 음부의 가려움증 등을 다스린다. 7월 7일에 줄기와 잎을 채취하고 9월 9일에 열매를 따서 그늘에서 말려 먹으면, 씨는 간의 열을 다스리고 눈을 밝게 한다. 약용에는 가시를 버리고 약간 볶아서 쓴다"라고 하였다.

엉겅퀴(大薊, 大薊草, 刺薊菜, 野紅花, 馬薊, 虎薊, 猫薊) Cirsium maackii Max.
　가시나물, 엉겅퀴, 항가새(생약명) 등으로 불리는 국화과의 여러해살이풀이다. 전국의 들, 초원과 길가 밭둑 근처에 흔히 자란다. 1미터 높이로 자라며 6월에서 8월 사이에 연한 홍색의 꽃이 피고 10월에 종자가 익는다. 식용, 관상용, 약용으로 쓰이며 봄에 어린 잎을 나물로 먹고 화단이나 화분에 관상초로 심는다. 한방과 민간에서 감기, 지혈, 토혈, 출혈, 부종, 대하증, 안태(安胎) 등에 전초(全草)나 뿌리를 사용한다.
　주요 성분　펙토리나닌(Pectolinarin) 등 몇 가지 성분이 함유되어 있다.
　용도　• 대개는 민간에서 지혈 작용을 하는 데 사용하며, 상처가 나서 피가 나올

때에 풀잎을 찧어 붙이면 피가 멎는다. 봄에 된장국을 끓이거나 나물로 무쳐 먹는 등 식용으로 많이 쓰인다. ● 민간 요법에서는 엉겅퀴를 유암(乳癌)에 사용하는데, 잎이나 뿌리를 짓찧어 달걀 흰자에 개어 국소에 붙인다. 또한 각기(脚氣)에 엉겅퀴 뿌리를 달여 마시면 효험이 있다고 한다. 「본초」에서는 "엉겅퀴는 어혈, 토혈, 비혈, 옹종, 옴, 대하증 등을 다스리며 정(精)을 기르고 혈을 보한다. 큰 엉겅퀴는 어혈을 흩어 버리고 또 옹종을 다스리며 작은 엉겅퀴는 혈통(血痛)을 다스린다"라고 하였고, 「산보방(産寶方)」에서도 "부인의 하혈에 엉겅퀴 뿌리를 즙을 내어 마시면 즉효하다"라고 하였다.(왼쪽, 오른쪽)

쑥(艾, 艾蒿, 艾子, 蒿) Artemisis asiatica Nakai.

사재발쑥, 약쑥, 양쑥, 뜸쑥, 모기태쑥, 참쑥(艾, 생약명) 등으로 불리는 국화과의 여러
해살이풀이다. 전국의 들, 초원이나 길가 밭둑 등에 흔히 자란다. 60 내지 90센티미터
의 높이로 자라며 7월에 자주색의 꽃이 핀다. 10월에 종자가 익으며 식용, 약용 등에
쓰인다. 이른봄에 어린 잎을 국이나 떡을 하여 먹는다. 또한 즙을 내어서 먹기도 한
다. 한방과 민간에서 산후 하혈, 출혈, 회충, 하리(이질), 안태(安胎), 과식, 선혈, 뜸질
등의 약재로 쓰인다.
주요 성분 정유(치네올) 등 수렴, 치혈성, 진통성, 항암성 등 여러 가지의 성분이
함유되어 있다.
채취 방법 여름에 베어서 통풍이 잘 되는 곳에 말리어 습기가 차지 않도록 보관한
다. 썩지 않도록 주의하여야 한다.
용도 ● 이른봄 파릇한 잎사귀를 따서 말린 다음 절구에 넣어 빻아서 채로 쳐서
찌꺼기를 버린 것을 약쑥이라 한다. 이것을 쌀알 크기로 살짝 비벼 뜸을 뜨면 놀라운
효과가 있다 한다. ● 쑥잎을 봄 또는 입하(立夏) 전후에 따서 이것을 응달에 말린
다음 3그램을 1회 양으로 해서 물 3홉 정도를 넣어 반으로 될 때까지 달여 마시면
복통에 특효가 있다 한다. 이 달인 즙을 계속 마시면 요통, 천식, 코피, 치질로 인한
출혈(出血) 등에 효과가 있다 한다. 1일 3회 정도 차처럼 마시면 된다. ● 고혈압에는
생잎을 따서 여기에 물을 넣고 잘 짓이겨서 생액(生液)을 만들어 헝겊으로 짜서 한
사발쯤 마시면 특효가 있다 한다. ● 대변과 함께 하혈을 하는 경우 쑥과 생강을 같은
양으로 넣어 달여서 마시면 좋다. 마늘, 쑥잎사귀 40그램과 말오줌나무(接骨木) 40
그램을 자루에 넣어서 목욕물을 데워 입욕(入浴)하면 남성병, 여자의 대하(帶下),
허리나 무릎의 통증, 타박상 등에 효과가 있다. 쑥의 잎사귀를 따서 물에 찐 다음
부대로 문질러 찌꺼기를 없애고 이것을 또 한번 쪄서 검은 고약으로 만든다. 한방에
서 말하는 약효는 쑥, 약애(藥艾), 애엽(艾葉)이라 하며 속명으로 사재발쑥이라 한
다. 약성이 온평(溫平)하고 태루(胎漏), 심동(心疼), 복통(腹痛) 등의 치료제이며 뜸을
뜰 때에도 뜸쑥을 만들어 침을 놓은 후에 뜸을 뜬다. 이것을 온구 요법(溫灸療法)이라
한다. 뜸을 뜨면 진통(鎭痛), 진경(鎭痙), 조혈(造血) 등의 작용이 있다. ● 6월 초순의
단오절을 전후해서 쑥을 캐어 깨끗이 씻은 다음 그늘에 말렸다가 잘게 썰어서 재료로
쓴다. 쑥의 2 내지 3배로 배갈이나 소주를 넣고 3분의 1 정도의 설탕을 넣어서 만든
다. 설탕은 나중에 넣어도 좋다. 약 2개월이 지나 담황색으로 되었을 때 먹는다. 비타
민A와 비타민C가 다량으로 함유된 쑥술은 야맹증과 피부 미용에 좋으며, 위장을
튼튼히 해주고 천식에도 그 약효가 크다 한다. ● 맹자의 말에 "7년의 병에 3년 묵은
쑥을 구하라"는 것이 있는 것을 보면 쑥은 오래 묵은 것일수록 약효가 좋다는 것을
알 수 있다. ● 쑥은 언제부터 사용되어 왔는지는 알 수 없으나 단군신화에 쑥과 마늘
을 먹은 곰이 여신(女身)으로 화하여 단군을 낳았다는 내용이 있다. 이것이 비록 신화
라 하더라도 예부터 조상들이 쑥을 응용해 왔다는 것을 알 수 있다. ● 쑥은 우리나라
각처에 자라지만 그 가운데서도 강화도의 쑥이 약용으로 많이 소비되고 품질도 우수
했으나, 지금은 인천 앞바다의 자월도(紫月島)에서 자라는 쑥이 약용으로 많이 소비
되고 있다. 쑥은 바닷가나 섬에서 자라는 쑥과 육지에서 자라는 쑥으로 구별되는데,
약용 쑥은 바닷가나 섬에서 자라는 것을 사용한다. 그 이유는 해풍(海風)을 받은 쑥은
독성이 강하고 향기가 없으며 잎이 얇다. 쑥의 채취 시기를 음력 단오 전후로 정하는
것은 이 시기가 지나면 쑥잎이 엷어지고 따라서 약효가 적다고 하기 때문이다.
(왼쪽 위, 아래)

떡쑥(鼠麴草, 佛耳草, 野菊, 母子草, 米麴, 香茅, 暑菊, 無心草, 黍菊草)　　Gnaphalium mult-iceps Wall.

왜떡쑥, 송곳풀, 서국초 등으로 불리는 국화과의 두해살이 및 여러해살이풀이다. 우리나라의 제주도나 본토의 야지, 초원에 다른 풀과 같이 섞여서 자란다. 20 내지 60센티미터의 높이로 자라며 7월에서 10월 사이에 황색의 꽃이 핀다. 종자는 11월에 익으며 식용, 관상용, 약용으로 쓰인다. 이른봄에 어린 잎을 뜯어서 떡을 해먹었으며 화분에 심어 관상용으로도 즐긴다. 한방과 민간에서 지혈, 건위, 하리(下痢 : 이질), 거담 등의 약재로 쓰인다.

주요 성분　레온토포디움, 히트스테놀, 루테오린, 모노 글루코시드 등이 함유되어 있다.

채취 방법　꽃이 피었을 때에 풀 전체를 뽑아서 흙을 털고 통풍이 잘 되는 그늘에서 말려야 한다.

용도　● 이 풀은 몸 전체에 흰 털이 있어 뿌옇게 보인다. 옛날에 이른봄인 3월 3일에 이 풀을 뜯어서 떡을 빚어 모자(母子)가 먹었다고 하여 일명 모자떡이라고도 불렀다. 예부터 전래되어 온 농경 문화에 수반된 마을 식물이다. ● 꽃이 필 때 풀 전체를 뽑아 그늘에 말려 1일 1그램을 달여서 마시면 천식이 치유되며 백일해에도 효험이 있다 한다. 가래를 없애는 데는 1일 15그램이 좋다. ● 풀 전체를 태워서 가루로 만들고 참기름에 개어 칠하면 피부병에도 좋다 한다. 또 가래 기침을 하는 사람은 잎, 꽃을 따서 말려 담배로 사용한다. 곧 천식 담배의 하나라고 「신편약용식물학(新編藥用植物學)」(1940)에 적혀 있다. 예부터 민간에서 대개는 기침약으로 이 풀을 사용했다.

「약초의 지식」에서 "풀떡은 생잎을 짓찧어 쌀가루로 버무려 단자(團子)로 만들어 쪄서 먹는데 그 맛은 비할 데 없다. 한방에서는 거담약 등으로 달여 마신다. 떡쑥 꽃을 말려 담배의 대용으로 피우면 천식을 일으키는 일이 없다"라고 한다. 또 "떡쑥은 옴이나 습진에 고추와 함께 태워서 재를 참기름에 개어 바른다"라고 했고, 「의학입문」에서는 "떡쑥은 기침과 담을 다스리고 폐 속의 한사(寒邪)를 없앤다"라고 하였다.

백도라지(白花桔梗) Platycodom glaucum Nakai form albiflorum Hara.
도라지, 흰도라지, 도라지뿌리 등으로 불리는 도라지과의 여러해살이풀이다. 전국의
산야지에 자라며, 농가서도 심는데 1미터 높이로 자란다. 7, 8월에 백색의 꽃이 피고
10월에 종자가 익는다. 모든 성분이나 효능은 도라지와 같은데 백색의 꽃이 피는
것만 다르다.

도라지(結梗, 苦結梗, 梗草) Platycodom glaucum Nakai.

질경, 산도라지, 도라지뿌리(생약명) 등으로 불리는 도라지과의 여러해살이풀로 전국의 산야지에서 흔히 자란다. 50 내지 100센티미터 정도로 자라며 7, 8월에 꽃이 피고, 10월에 종자가 익는다. 한방에서 편도선염, 복통, 지혈, 늑막염, 해소, 거담, 천식, 보익 등의 약재로 쓴다.

채취 방법 약용으로 쓰는 것은 대체로 늦가을에 채취하는 것이 좋다. 뿌리를 캐어 물에 씻어서 껍질을 벗겨 말린 것을 백길경이라 하고, 껍질을 벗기지 않고 그대로 말린 것을 피길경이라 한다. 식용으로 재배했을 때는 언제라도 캐어서 쓸 수 있는데 7, 8월에 수확하면 껍질이 잘 벗겨진다. 약용으로는 2, 3년 묵은 것이 좋다.

용도 ● 사포닌이 주성분이기 때문에 기침, 가래를 없애 준다. 말린 뿌리를 잘게 썰어서 하루에 3 내지 6그램을 1컵의 물에 달여 3회로 나누어 마시면 편도선의 부기도 없어진다. ● 갑작스런 오한이나 더위로 위복통이 일어났을 때 마른 도라지 40그램(생것이면 10뿌리)과 생강 5조각을 넣어 삶은 물을 자주 마시면 좋다. ● 약한 천식이나 헛배가 불러 답답할 때 도라지 40그램, 귤껍질 40그램, 생강 5조각에 4사발의 물을 부어 이 물의 양이 반으로 줄 때까지 달여서 하루에 3 내지 5회 정도로 복용한다. ● 코피가 날 때는 4사발의 물에 도라지 40그램을 넣고 끓여 물의 양이 반으로 줄어들면 3회로 나누어 마신다. 장기적인 복용이 효과적이다. 그 밖에 토혈, 하혈에도 효과를 본다. ● 폐병, 심한 기침, 담혈(痰血) 등에는 도라지 40그램에 80그램의 감초를 3되의 물에 함께 넣어 삶아서 물의 양이 3분의 1 정도로 줄어들면 식후에 차 마시듯이 계속 복용하면 효과가 있다.

더덕(沙蔘, 羊乳, 四葉蔘, 白蔘, 加德, 志取)　Codonopsis lanceolata Traut.

산더덕(생약명), 사삼(沙蔘), 더덕뿌리 등으로 불리는 도라지과의 여러해살이 덩굴풀이다. 전국 산지의 나무 밑 그늘에서 잘 자란다. 1 내지 2미터 높이로 뻗으며 8, 9월에 꽃이 피며, 11월에 종자가 익는다. 식용으로는 뿌리를 양념을 하여 불에 쪄서 강장식으로 먹으며 식단에도 오른다. 화단이나 화분에 화초로도 심으며, 또 농가에서는 대량으로 재배도 한다. 한방이나 민간에서 천식, 보익, 경풍, 한열, 보폐, 편도선염, 인후염 등의 약재로 쓴다. 사포닌과 이눌린 등이 함유되어 있어 특히 거담약(祛痰藥)으로 도라지와 같이 사용된다.

채취 방법　근래에는 농가에서 많이 재배하여 구하기 쉬우며, 산에서 야생하는 것은 수년 동안 자란 것도 있다. 재배한 것은 3, 4년 된 것이 좋으며, 가을에 채취하는 것이 좋다.

용도　• 만삼과 같이 닭에 넣고 고아서 강장식으로 먹는다. 오래 묵은 뿌리를 만삼과 도라지처럼 술에 담가서 건강식으로도 사용한다. 효능은 도라지나 만삼과 거의 같다. • 더덕은 한방에서 사삼이라 하여 건위, 거담약으로 쓰인다. 민간에서는 물에 체했을 때 더덕을 먹는다. 「약용식물사전」에 보면, 한방에서는 더덕이 거담약, 건위약으로 쓰인다. 또한 건위, 강장제로서 폐열을 없애고 폐기(肺氣)를 보하며 신(腎)과 비(脾)를 좋게 하는데, 하루 8그램 정도 달여서 복용한다고 씌어 있다.

「본초강목」에서는 "더덕은 위를 보하고 폐기를 보한다. 산기(疝氣)를 다스린다. 고름과 종기를 없애고 오장의 풍기(風氣)를 고르게 한다. 뿌리가 희고 실한 것이 좋다"고 하였다. 「본초비요(本草備要)」에서는 "더덕은 폐기를 보하고 폐를 맑게 하며, 간을 기르고 겸하여 비(脾)와 신(腎)을 좋게 한다. 인삼과 비슷하나 두께가 가늘다. 희고 실한 것이 좋다. 모래땅에서 나는 것은 길고 크며, 진흙땅에서 나는 것은 여위고 작다"고 하였다. 「단방신편(單方新篇)」에서는 "음부가 가려운 데에 더덕을 가루로 하여 물에 타서 마시면 효험이 있다"고 하였다.(왼쪽, 오른쪽 위, 아래)

만삼(蔓蔘, 党蔘, 素花党蔘, 台蔘, 仙草, 三葉菜) Codonopsis pilosula Nannfeldt.

참더덕, 삼성더덕, 좀만삼, 만삼(생약명) 등으로 불리는 도라지과의 여러해살이 덩굴 풀이다. 우리나라 중부 지방, 북부 지방의 깊은 산속 해발 1,000미터 이상의 수림 속에서 잘 자란다. 길이 1.5미터 정도 뻗어 나가며 7, 8월에 꽃이 피고 10월에 종자가 익는다. 한방에서 천식, 보익, 경풍, 한열, 보폐, 편도선염, 인후염 등의 약재로 쓴다.

채취 방법 특히 강원 지방 깊은 산속의 수림지에 있으며, 가을에 채취하는 것이 좋다. 6년에서 8년 정도 된 것이 약효가 있다.

용도 ● 만삼 뿌리 2개를 물에 씻어서 가늘게 자른다. 토종닭 1마리와 마늘과 대추를 각각 2쪽씩, 잣, 은행, 밤, 호두를 각각 2알씩 넣고 물이 절반으로 줄어들 때까지 끓여서 먹으면 특히 남자에게는 보익, 강정식으로 좋다. 부인에게는 산전, 산후, 심신 쇠약에 특히 좋으며, 산모와 태아 건강에도 좋다. 주로 부인병에 민간 요법으로 예부터 해오던 비법이다. ● 6년에서 8년 된 만삼 뿌리를 3 내지 5센티미터 정도로 잘라서 배갈이나 소주를 재료의 3분의 2 정도 넣고 설탕을 3분의 1 정도 넣는다. 약으로 할 경우 설탕을 넣지 않는 게 좋다. 3개월이 지나면 엷은 담황색으로 익는데 이 때쯤이면 먹을 수 있으며, 반주로 이용하면 더 좋다. 식욕 증진, 강장 등에 좋은 식품이다.(앞, 왼쪽, 오른쪽)

오미자(五味子, 南五味子, 北五味子, 北味, 玄及, 會及, 嗽神, 金鈴子, 紅內消, 朝鮮五味子)
Maximowiczia chinesis Rupr.

오미자나무(생약명) 등으로 불리는 목련과의 낙엽 관목 덩굴성 식물이다. 중부 지방, 북부 지방의 산지에서 나무줄기를 감고 올라가며 자란다. 3미터 높이로 자라며 6, 7월에 밝은 황백색의 꽃이 피고 8, 9월에 종자가 익는다. 약용으로 쓰이며 울타리 등에 심어서 관상용으로도 쓰인다. 한방과 민간에서 과실을 오미자(五味子)라 하여 해소, 단독, 자양, 강장, 수렴 등의 약재로 쓴다.

주요 성분 유기산(有機酸), 염류(鹽類), 탄닌 등이 함유되어 있다.

채취 방법 과실이 익었을 때인 8, 9월에 채집해서 햇볕에 말린다. 짙은 검정색 또는 주흑색으로 부드럽고 신맛이 있는 것이 좋은 것이다. 때로는 분백색을 띤 것도 있다.

용도 ● 대개는 한방에서 자양(滋養), 강장(強壯)과 아울러 수렴성(收斂性), 해소약(咳嗽藥) 등으로 쓴다. ● 가지의 껍질을 물에 담구어서 그 액체를 모발에 바른다. (머리 퍼머약) ● 항상 푸른 덩굴로 암수가 따로 있다. 가을에 붉게 포도송이처럼 열매가 익어 가기 때문에 집안에 심어 관상용으로도 쓴다. 열매는 맛이 신데 속칭 다섯 가지의 맛이 난다고 하여 오미자라는 이름이 생긴 것이다.

오미자 화채는 천연적인 색과 향기가 좋은 청량 음료이다. 찬물에 조금씩 담가 진하게 우려서 한번 끓여 고운 채로 받쳐 설탕을 진하게 타서 시럽을 만들어 두고, 마실 때에 찬물로 신맛을 알맞게 희석(稀釋)한 다음 잣을 5, 6개 띄우면 된다.

오미자차는 오미자 3그램을 미지근하게 물에 10시간쯤 담가 두었다가 채에 받쳐서 끓인다. 오미자가 뜨거워졌을 때에 설탕과 꿀을 적당히 넣어서 마시면 소화에 좋다. 오미자는 향미가 있는 열매로 보신이 되며, 오미자술은 예부터 정력제로 알려져 있다. 민간 요법에서는 오미자는 기침약으로 사용되어 왔는데 오미자를 물에 담가 두고 그 물을 차처럼 마시면 보통 기침에 효과가 있다.

질경이(車前, 茉苢, 車前草, 車過路草, 車前菜, 車前子) Plantago majar L.
　길경이, 길짱귀, 배부쟁이, 길장구, 배부장이, 배합조개, 배짜개, 배부쟁이, 차전초, 뱀조개(생약명), 차전자(車前子 : 질경이 씨) 등으로 불리는 질경이과의 여러해살이 풀이다. 전국 산야지의 길가 둑이나, 습지, 빈터 등에 흔히 자란다. 높이는 30 내지 90센티미터 정도 자라며, 6월에서 8월 사이에 백색에 가까운 녹색의 꽃이 피는데 자주색이 도는 꽃술이 길게 나온다. 10월에 종자가 익으며 식용, 관상용, 약용으로 쓰인다. 봄에 어린 잎을 나물로 먹으며, 화단이나 화분에 관상용으로도 심는다. 가을에 익는 이 풀의 종자를 차전자(車前子)라고 하는데 한방이나 민간 요법에서 진해, 소염, 이뇨, 안질, 강심, 임질, 심장염, 태독, 난산, 출혈, 해열, 지사, 요혈(尿血), 종창 등의 약재로 쓰인다.
주요 성분　질경이 씨에는 아무크빈, 프라타긴, 배당체, 프란테놀산, 아데닌, 소린이란 완화 작용(緩化作用), 항지간 작용(抗脂肝作用)을 하는 성분이 약간 들어 있으므로 만성 간염(慢性肝炎), 동맥 경화증(動脈硬化症) 등에 1일 1 내지 30그램을 사용한다.
채취 방법　여름에 큰 포기를 뽑아서 뿌리를 잘라내고 그늘에 말린 풀잎을 사용한다. 씨앗은 여름이 끝날 무렵 풀포기를 뽑아서 가볍게 두드려 씨앗을 떨어뜨려 햇볕에 말려 종이 봉지에 보관한다.
용도　● 질경이 말린 잎과 씨앗을 하루 5 내지 10그램을 달여서 차 대신 마시면 호흡 중추를 작용시켜 기침을 멈추게 하고 기관 안의 점막, 소화액 분비를 촉진시킨다. 천식, 백일해, 기침, 위장병, 이뇨, 설사, 두통, 심장병, 자궁병, 요도염, 방광염, 소염 등에 효과가 있다. ● 천식(喘息)에는 차전초 2, 쑥 1의 비율로 배합하여 여기에 적당한 양의 감초를 넣어 달여서 차 대용으로 마시면 좋으며 임질에도 효과가 있다. ● 차전초만을 달여서 매일 차처럼 마시면 천식, 습성 각기, 관절이 붓고 아픈 데,

눈의 충혈, 위병, 부인병, 산후의 복통, 심장병, 신경 쇠약, 두통, 뇌병, 축농증 등에 효과가 있다고 예부터 전해지고 있다. ● 한방에서의 차전초 효능은 안적질(眼赤疾), 소변(小便), 통리(通利), 변비(便秘) 등에 특효약으로 쓰인다. ● 옛날 소채의 종류가 적었을 때에는 잎을 상식(常食)하였고 목초(牧草)로도 사용했다. 한방에서는 마편초(馬鞭草)라고도 불리며, 예부터 개구리가 아이들에게 붙잡혀 죽은 시늉을 하고 있을 때 질경이 잎을 덮어 두면 어느 때인가 다시 살아나서 도망쳐 버리기 때문에 개구리잎(蛙葉)이라고 한다는 말도 있다. 또한 수레바퀴의 자국 속에서도 강인하게 번식한다고 하여 차전초(車前草)라고도 하며, 지방에 따라 이름도 여러 가지이다. 「본초강목」에서는 소 발자국에서 나기 때문에 차전채(車前菜)라고 이름하였다. ● 질경이 씨는 민간 요법에서 많이 쓰이는 약의 일종이다. 「약용식물사전」에는 "한방에서 질경이와 씨는 이뇨, 거담약으로 쓰인다. 또 질경이는 건위제로 왕왕 놀랄 만큼 탁효(卓効)를 보이는 일이 있다. 1일 15그램 가량을 달여 마신다. 또는 생잎을 조리하여 식용으로도 사용한다. 종자는 이뇨제로 임질병 등에 쓰이며 기타 진해, 백일해, 천식 등에 하루에 8그램을 달여서 마시며, 구충제로도 쓰인다. 신약의 진해 거담약(鎭咳祛痰藥)인 후스다깅, 히데힌, 후스지진(이상 일본 제약) 등은 질경이 씨를 원료로 한 제약이다"라고 씌어 있다. 「본초」에는 "질경이 씨는 기병(氣病)을 주치하고 소변을 잘 통하게 하며 눈을 밝게 할 뿐만 아니라 간(肝)의 풍열과 풍독을 다스린다. 잎과 뿌리는 토혈, 비혈, 요혈, 혈림에 즙을 내어 마신다"라고 씌어 있다. 「본초비요」에는 "질경이는 토혈을 멎게 하고 어혈(瘀血)을 흩어 버리며, 눈을 밝게 하고 임질을 다스린다. 질경이 씨는 폐간(肺肝)의 풍열을 없애고 소변을 통하게 한다. 음(陰)을 강하게 하고 정(精)을 돕는다. 습비, 서습, 사리를 다스린다"라고 씌어 있다. (왼쪽, 오른쪽)

고비(薇菜) Osmunda japonica Thunb.

고비나물, 구척(狗脊, 생약명) 등으로 불리는 고비과의 여러해살이풀이다. 전국의 산야 음습한 곳에 흔히 자란다. 1미터 높이로 자라며 3월에 포자가 형성되고 5월에 포자가 열린다. 식용, 관상용, 약용으로 쓰이며 봄에 연한 잎자루를 삶아서 나물로 먹는다. 화단이나 화분에 관상초로 심으며 한방과 민간에서 임질, 각기, 수종 등의 약재로 쓰인다.

주요 성분 「의학입문」에서 "고비는 속을 편케 하고 대, 소장을 청결하게 한다. 또 이뇨, 부종, 임병(淋病) 등을 다스리는 성분이 있다"고 한다.

채취 방법 봄에 어린순이 올라올 때 채취하여 데쳐서 햇볕에 잘 말리어 보관한다.

용도 ● 민간 요법에서 고비 뿌리를 허리와 무릎이 저리고 아프며, 다리에 힘이 없고 오줌을 참지 못하는 데 달여서 마신다. 한방에선 구척이라 하여 허리와 무릎이 아플 때와 모든 수종에 쓴다고 한다. 또 「약용제물사전(薬用薺物事典)」에는 고비가 수종과 충을 없앤다고 하였으며, 임병(淋病) 각기 등에는 고비 잎을 달여 마시면 유효하다. 또 무릎, 허리 등의 관절이 아플 때에는 잎을 달인 즙으로 찜질을 하든가 바르든가 하면 효험이 있다. 또한 잎에서 면양질(綿樣質)의 섬유를 채취하여 출혈하는 상처에 붙이면 지혈제로 유효하다. 예부터 전해 오는 말에 의하면 남자는 고비를 많이 먹으면 정력이 감퇴된다고 하는데 실제 체험에서 오는 말인지 알 수 없으나, 「본초」에도 고비를 많이 먹으면 양기가 쇠약해진다고 기록되어 있다.

냉이(薺. 大薺, 娘娘指甲, 羊筋草, 薺菜, 譯生草) Capsella bursa-pastoris Medicus.
　나생이, 나시, 나숭게, 나상구, 나싱게, 애이 등으로 불리는 십자화과의 월년생풀이
다. 전국의 산야지, 흔히 인가 주변의 밭이나 둑길, 들녘의 둑 등 낮은 지역에 자란
다. 50센티미터의 높이로 자라며 4, 5월에 백색의 꽃이 피고 5월부터 종자가 익는
다. 식용, 약용, 관상용으로 쓰이며 이른봄에 어린 잎과 뿌리를 캐어 나물이나 국을
끓여 먹는다. 화분에 심어 관상용으로 좋으며 한방과 민간에서 폐렴, 이뇨, 회충, 두
통, 천식, 부종, 임질, 치통, 토혈, 해열 등의 약재로 쓰인다.
　주요 성분　콜린(Choline) 등 몇 가지가 함유되어 있다. 지혈(止血) 작용을 하는 것이
주성분이다.
　채취 방법　꽃이 필 때 뿌리째 캐내어 그늘에 잘 말리어 둔다.
　용도　● 어린이의 이질에는 그늘에서 말린 냉이꽃을 가루로 만들어 대추 삶은 물에
복용하면 된다. 갓난아기는 0.3그램, 3세에서 5세는 0.8그램, 7세에서 19세는 3.5그
램, 어른은 10그램을 기준해서 복용한다. ● 바람을 쏘이면 눈물이 자주 나오는 사람은
냉이 씨를 가루로 만들어 1일 3회, 매식 전 5그램 정도 더운 물로 복용하고 쌀알만한
크기의 가루를 눈에 넣으면 효과가 크다. 이것은 열통, 두통에도 효과가 있다. ● 간장
쇠약, 간염, 간경화증에는 냉이의 뿌리, 줄기, 잎, 전부를 씻어 그늘에서 말려 가루를
만든 다음 매일 3회씩 식후에 복용하면 좋다. 1회 복용량은 10그램 내외이다. 또한
간질, 안질, 위장염, 잦은 설사에도 효력이 있다. ● 눈에 막이 끼어 눈동자를 가릴
때는 냉이의 뿌리, 줄기, 잎, 전부를 씻어 불에 말린 다음 갈아서 가루로 만들어 하루

3회씩 물에 타 넣고 씻는다. 그리고 이 가루를 쌀알만하게 알약으로 만들어 눈골에 넣으면 한참 후에 효력을 본다. ● 간경화증과 복막염에는 마른 냉이의 뿌리와 불에 볶은 두루미 냉이의 씨를 각각 반 근씩 가루로 만들어 꿀에 갠 다음 은행알 크기의 환약을 빚는다. 이 환약을 아침 저녁으로 2알씩 귤 껍질 끓인 물과 함께 복용하면 며칠 안으로 효력이 발생한다. 또한 헛배 부를 때, 부어서 물집이 생길 때, 사지가 심히 마를 때에도 효과가 있다. ● 냉이는 한방에서는 제채(薺菜)라고 하여 지사약 (止瀉藥)으로 쓰인다. 다음은 여러 문헌에 전하는 냉이의 효능이다.
이 풀의 전초(全草)의 추출물(抽出物)은 강력한 지혈 작용을 하고 있어 자궁 출혈, 폐출혈(각혈) 등의 지혈약으로 쓴다. 민간에서는 적리(赤痢), 복통에 뿌리와 잎을 함께 불에 태워 재를 만들어 물에 타서 마신다. 씨앗, 잎, 뿌리를 달여 마시면 눈병을 다스리며, 또한 안구(眼球)의 동통에는 뿌리를 달인 즙이나 뿌리를 갈아서 즙액을 내어 눈을 씻으면 유효하다.(「약용식물사전」) 냉이는 간기(肝氣)를 통리하고 내장을 고르게 한다. 죽을 끓여 먹으면 피를 맑게 하고 눈을 밝게 한다. 냉이 씨는 오장을 보하고 풍독(風毒)을 없애며 청맹(青盲)과 목병(目病)을 다스린다. 눈을 밝게 하고 열독을 풀며 오래 먹으면 시력이 좋아진다.(「본초」) 고혈압이나 중풍에 냉이를 1일 20그램 정도 달여서 복용하면 유효하다.(「약초지식」) 적리(赤痢)에 냉이 전초를 불에 볶아 가루를 만들어 1회에 1돈씩 물에 타서 마시면 대단히 유효하다.(「경험양방」) 이질은 냉이 전초에 생강을 조금 넣어 달여 마시면 기효하다.(「다산방」)
(왼쪽, 위 왼쪽, 오른쪽)

고사리(蕨, 蕨菜根) Pteridum aquilinum Kuhn. var. jatiusculum Des. et und.

고사리나물, 고사리밥, 층층고사리, 궐분(蕨粉, 생약명) 등으로 불리는 고사리과의
여러해살이풀이다. 전국의 산야지 음지에 흔히 자란다. 30센티미터에서 크게는 1.5
미터의 높이로 자란다. 5, 6월에 포자가 생기고 8월에 포자가 녹황색으로 열린다.
식용, 관상용, 약용으로 쓰이며 이른봄에 줄기와 어린 잎을 따서 삶아 나물로 먹거나
말려서 보관한다. 말린 고사리는 1년 내내 수시로 물에 불려서 나물로 먹는다. 화단에
관상용으로 심으며 한방과 민간에서 이뇨, 통변, 부종, 통경 등의 약재로 쓰인다.

주요 성분 석회질, 칼슘(지하경)에 전분이 함유되어 있다.

채취 방법 줄기와 어린 잎은 봄에 채취하고, 지하경은 8, 9월에 채취하여 볕에 말리
어 전분을 얻는다.

용도 ● 지하경에는 전분이 많이 함유되어 있어 가을에 이 뿌리에서 전분을 채취하

여 고사리분을 만드는데, 고사리분으로 만든 떡은 칡(葛)가루 떡과 비슷하나 끈기가 더 있다. 그 가루는 과자, 풀 등의 원료로 쓰인다. ● 고사리 성분 가운데는 석회질이 많아서 이것을 먹으면 이(齒)나 뼈가 튼튼해진다고 한다. 산촌에서는 칼슘 원(源)이 적으므로 고사리는 몸에 좋은 산채라 할 수 있다. 고사리의 생약명은 궐분이며, 가을에 잎이 떨어지면 뿌리를 캐어 물에 깨끗이 씻어 가루로 만든다. 이 가루는 자양 강장제도 되며 해열의 효과도 크다고 한다.

「약용식물사전」에는 "이질에 고사리분을 열탕에 타서 복용하고, 어린 잎은 정신 흥분제가 되고 탈항(脫肛)을 다스리며, 잎을 달여 마시면 이뇨, 해열에 효과가 있다"라고 하였다. 「본초」에는 "고사리는 폭열(暴熱)을 없애며, 이뇨에 좋다. 삶아서 먹으면 향미(香味)하나 오랫동안 먹으면 양기를 덜고, 다리가 약해지며, 눈이 어두워지고 배가 팽팽해진다"라고도 하였다.(왼쪽, 오른쪽)

배풍등(排風藤, 白英, 獨羊泉, 北風藤, 青杞, 雲下紅, 毛道士) Solanum lyratum Thunb. var. pubescens Nakai.

털배풍 등으로 불리는 가지과의 낙엽 덩굴성 나무이다. 제주도, 울릉도, 남부 지방, 중부 지방 등의 산야, 돌이 잘려 나간 부분에 흔히 자란다. 1.5미터 길이로 뻗으며, 8월에 백색의 꽃이 피며 10월에 콩사가 익는나. 선초(旋草)가 관상용, 약용으로 쓰이며 통경, 산기, 부종, 해열 등에 약재로 쓴다. 특히 한방 약재로 쓰이며 독성이 있는 덩굴식물이다.

주요 성분 사포닌(Saponine), 솔라닌(Solanine) 등이 함유되어 있다.

어원인 솔라늄(Solanum)는 라틴어로 본속 중에 진통 작용을 하는 것이 있어 솔라멘(Solamen : 安靜)에서 유래되었다는 설이 있다. 일반적으로 잘 알려지지 않은 식물이

지만 간혹 농가에서 울타리에 심는다. 꽃은 작지만 늦가을에 포도송이 같은 붉은 열매가 첫눈이 올 무렵까지 줄기에 매달려 있어 관상용으로 많이 심는다. 꼭두서니의 열매는 흑청색으로 울타리에 눈이 올 때까지 매달리고 그 사이에 배풍등의 붉은 열매가 조화를 이룬다. 한낱 잡초로 여겨지는 이 식물은 열매가 익기 전에 녹색으로 윤이 나는데, 이러한 까닭에 옛 문헌에 청비(青杞)라고 한 모양이다. 또 눈이 올 때까지 붉게 매달려 있기 때문에 설하홍(雪下紅)이라는 이름도 붙여진 것 같다. 북풍이 불 때까지 있다 하여 북풍등(北楓藤)이라는 이름도 있다. 따라서 옛 묵객들의 입에 오르내릴 정도의 식물임은 틀림없다. 울타리에 한 그루 심어서, 늦가을에 붉은 감도 다 떨어질 무렵 청초한 열매를 감상하기 알맞은 식물이다.(왼쪽, 오른쪽)

칡(글→뒤)

칡(葛根, 葛藤, 葛麻, 黃葛麻, 苦葛, 米葛, 葛粉, 甘葛根, 野葛皮, 葛藤子, 葛花, 黃芹, 鹿豆, 鹿藿,
鐵葛根, 毛角藤, 葛麻藤, 葛布, 粉葛, 葛子, 葛藤子) Pueraria thunbergina Benth.
딜근, 치, 침덩굴(경기 지방 속명), 갈근(葛根, 생약명) 등으로 각 지방마다 다르게
불리는 콩과의 낙엽 관목 덩굴성 식물이다. 전국의 산야지에 흔히 자라는 덩굴이다.
3에서 5미터의 높이로 자라며, 8월에 자주색의 꽃이 피고 10월에 종자가 익는다.
이 종자에는 갈색 털이 밀생하여 있다. 식용, 관상용, 공업용, 사방용, 사료용, 양봉
용, 약용에 쓰인다. 어린 잎을 식용으로 먹으며 뿌리의 전분을 갈분(葛粉)이라 하여
식용한다. 근래에는 화단이나 정원에 관상용으로 심는다. 덩굴의 속껍질을 칭올이라
하여 갈포(葛布) 벽지 등의 원료로 쓰이며, 끈을 만들기도 하고 생활 도구 등의 가내
공업용품에 쓰인다. 도로 공사장의 선 허리 잘린 데 사방용으로 심으며, 가축의 사료
용으로 많이 쓰인다. 양봉 농가에서는 여름에 꿀을 많이 얻을 수 있다. 꽃이 피면
향기가 멀리까지 난다. 한방과 민간에서 해열, 발한, 진통, 지혈, 해독, 숙취, 구토,
중풍, 당뇨, 진정, 감기, 편도선염 등의 약재로 쓰이다.
주요 성분 오아이진(Oaidzin), 아스파라진(Asparagine) 등과 이소프라본 유도체,
전분 등 여러 가지의 성분이 함유되어 있다.
채취 방법 12월에서 1월의 추운 기간에 오래 된 뿌리를 캐는 게 좋다. 뿌리를 물에
씻어서 굵은 뿌리를 말리기 위해서는 겉껍질을 벗기고 세로로 판자 모양으로 자르거
나 모나게 잘라서 햇볕에 말린다. 판자 모양으로 건조한 것은 판갈근(板葛根)이라고

도 하며, 모나게 잘라 말린 것을 방좌갈근(方座葛根)이라고 한다. 곰팡이가 발생하기 쉬우므로 포대나 종이 봉지에 넣어 통풍이 좋고 건조한 곳에 보관한다.

용도 ● 갈근의 성분은 전분이 대부분이다. 뿌리에서 취한 갈분을 주로 조리용 풀로 쓰며, 또한 떡도 만들어 먹거나 엿도 고아 먹는다. 옛날에는 여러 가지 요리를 하여 먹었다. ● 칡 전분의 제조법으로는 생뿌리를 깨끗이 씻어 절구에 넣고 짓찧은 다음, 헝겊 자루 속에 넣어 큰 그릇의 물속에서 주물러 짜면 전분이 나와 그릇 바닥에 남게 된다. 이것을 여러 번 물로 우려 내면 가루의 빛이 회게 된다. 이것을 햇볕에 말리면 전분이 되는 것이다. ● 칡가루를 탕에 풀어서 마시면 몸을 덥게 하고 초기 감기에 잘 듣는다. 또한 설사에도 효과가 있어 정장제(整腸劑)로 쓰인다. 민간 요법에 서는 위장약으로 쓰이고 있다.

「약이 되는 식물」에서는 "칡이 약이 되는 부분은 주로 뿌리이나 꽃을 쓰는 경우도 있다. 대개 발한, 해열제로 응용되며 술 중독, 절상, 지혈 등에도 응용된다. 감기로 오한이 나고 땀이 없을 때, 또 내열(內熱)이 있어 팔, 다리, 어깨, 수근(首筋)이 뻐근해 질 때, 발한,해열제로 갈근탕을 쓴다"라고 하였다. 「약용식물사전」에서도 "칡은 한방 에서는 중요한 발한, 해열, 청량약으로 쓰이고 있다. 전분을 열탕에 풀어 복용하면 부인의 하혈, 열병에 구갈(口渴)을 없애 주고 구토, 두통을 없앤다. 민간 약으로는 뿌리와 꽃을 함께 달여 마시면 술 중독, 기타의 중독에 유효하다"라고 하였다.

(앞, 왼쪽, 오른쪽)

결명자(決明子, 野綠豆, 草決明, 槐豆, 江南豆, 決完子, 金豈兒)　Cassia tora L.

하부소, 결명초, 결명차, 하부차, 결명자(決明子, 생약명) 등으로 불리는 콩과의 한해살이풀이다. 원래 미국 중부가 원산지인데 대만, 중국 쪽에서 유입되었으며 농가에서도 심는 식물이다. 1.5미터 높이로 자라며 7, 8월에 황색의 꽃이 피고 10월에 종자가 익는다. 식용, 약용으로 쓰이며, 관상용으로도 심는다. 어린 잎을 식용으로 한다. 한방과 민간에서 건위, 강장, 시력, 통경, 야맹증, 충독, 사독 등의 약재로 쓴다.

주요 성분　에모딘 배당체(配糖體)를 함유하고 있으며, 안트라키논 유도체 등 여러 가지 성분이 함유되어 있다.

채취 방법　꽃이 핀 후 60여 일 만에 결실이 된다. 콩과 같이 꼬투리가 익으면 늦은 가을 꼬투리 전부가 익었을 때 털어서 종자를 채취하여 잘 말린 후 종이 봉지에 보관한다.

용도　● 민간 요법에서는 결명자의 전초(全草)를 욕탕에 넣어 목욕하면 혈액 순환이 잘 되고 정신이 맑아진다고 한다. 종자는 완하 강장제로 달여 쓰며 차의 재료로도 쓰인다. 결명(決明)이란 말이 눈을 밝게 한다는 뜻이어서 그런지 결명자를 장기간 복용하면 확실히 시력이 좋아진다.

「약용식물사전」에는 "결명자차는 이뇨, 소화 불량, 위장병 등에 응용한다"라고 씌어 있다. 「본초」에는 "초결명은 청맹(青盲)과 적안(赤眼)의 동통과 적백막(赤白膜)을 다스린다. 간기(肝氣)를 돕고 정수(정액)를 늘리며 두통과 비혈(鼻血)을 다스린다. 종자는 베개 속에 넣어 베면 두통을 다스리고 눈을 밝게 한다. 잎은 나물로 하여 먹으면 오장을 보호한다"라고 하였다. 또 「본초비요」에는 "결명자는 풍열(風熱)을 없애고 모든 눈병을 다스리므로 결명(決明)이라 칭한다. 또 결명자는 신정(腎精, 정력)을 증강시킨다"「본사방(本事方)」에는 "이(齒)가 쑤실 때 결명자로 달인 탕을 입에 물고 있으면 즉시 그친다"「의적원방(醫摘元方)」에는 "홍안(紅眼 : 눈알이 붉어지는 눈병)에 결명자를 볶아 가루로 만들어 차에 개어 양쪽 태양혈(太陽穴)에 붙인다. 마르면 번갈아 붙인다. 하룻밤 사이에 즉시 낫는다"라고 하였다. (왼쪽, 오른쪽)

명아주(藜, 灰菜, 灰灰菜, 鶴項草, 野灰菜) Chenopodium album L. var. centroubrum Makino.

능쟁이, 흰능쟁이, 흰명아주, 는쟁이 등으로 불리는 명아주과의 한해살이풀이다. 전국의 야지, 대개는 비옥한 땅 밭 근처에서 흔히 자라며 길가 둑에도 자란다.

1미터의 높이로 7월부터 9월 사이에 선홍색의 꽃이 피는데 화관이 없는 이삭 모양이다. 9월에 종자가 익으며 식용, 관상용, 약용으로 쓰인다. 어린 잎을 식용으로 하며 화단에 관상용으로 심으며, 민간에서 충독, 백절풍, 해소 등의 약재로 쓰인다.

주요 성분 새싹 등 잎새에는 아미노산, 지방산, 비타민A, B, C 등이 함유되어 있다.

채취 방법 빨간 명아주(속잎 부분이 빨갛다), 창백한 명아주(속잎 부분이 흰색이 돈다) 모두 약효는 같으며, 여름에 뿌리째 뽑아서 말리어 통풍이 잘 되는 곳에 보관한다.

용도 명아주는 민간약으로 잘 알려져 있다. 충치로 인한 치통 등에 마른 잎을 달여 즙을 입에 물고 있으면 통증이 멎어진다. 독충에 쏘였을 때 생잎을 짓찧어 즙을 내어 바르면 해독된다. 또한 그 즙을 어루러기에 바르면 효과가 있다. 소아의 두창(頭瘡)에 씨를 볶아서 가루로 만들어 참기름에 개어 바르면 효과가 있다.

「약초의 지식」에는 "천식(喘息)에 명아주 전초(全草)를 말려 물에 달여 마시면 기효하다. 뿌리도 함께 썰어서 넣는다. 분량은 1일 20그램 가량을 물 3홉에 넣고 달이되 반량으로 졸여 3회로 나누어 복용한다. 이것이 어른의 1일 분이다. 그리고 삶아서 먹는 것과 생식 요법으로 먹는 것은 그 효과가 다르다. 중풍에는 전초를 말려서 1일 20그램 가량 달여서 식간(食間)에 나누어 마시면 유효하다. 민간에서는 천식에 특효약으로 쓰인다"라고 씌어 있다.(왼쪽, 오른쪽 위, 아래)

쇠비름(馬齒莧, 五行草, 長命菜, 馬齒草, 馬莧,馬齒龍牙,馬齒菜, 酸酸菜) Portulaca oleracea L.

돼지풀, 도둑풀, 말비름, 마치현(馬齒莧, 생약명) 등으로 불리는 쇠비름과의 한해살이 풀이다. 전국의 길가 둑이나 야채밭, 빈터 등에 흔히 자라는 풀이다. 15 내지 30센티미터의 높이로 자라며 5월에서 9월에 황색의 꽃이 피고 8월부터 종자가 익는다. 식용, 관상용, 약용으로 쓰인다. 줄기와 잎이 다육질이며 여름에 캐어서 물에 데쳐 말려두었다가 겨울철에 다시 물에 불려서 소금과 기름에 무쳐서 나물로 먹는다. 화분에 심어서 관상용으로 즐기기도 한다. 한방과 민간에서 전초를 충독, 사독, 해독, 종창, 촌충, 이질, 각기, 생목, 혈리, 편도선염, 이뇨제 등의 약재로 쓴다.

주요 성분 도파민(Dopamine) 등 해독 성분이 함유되어 있다.

채취 방법 여름에 캐어 잘 말려 상하지 않게 보관한다. 육질이 많으므로 잘 말려야 한다.

용도 쇠비름을 나물로 하여 먹으면 장수한다 하여 장명채(長命菜)란 이름이 붙었다고 한다. 한방에서는 마치현이라 하며 임질이나 모든 종창(腫瘡)에 쓰인다.

「약용식물사전」에는 "쇠비름 잎을 말려 달여서 마시면 모든 악창, 고환염, 변비, 요도증, 임질병 등에 효과가 있다. 옻, 독충에 쏘였을 때 생잎을 짓찧어 즙을 내어 바르고 동시에 잎을 달여 즙을 2, 3번 복용하면 유효하며, 달여 마시면 해열제로도 효과가 있다"라고 하였다. 또 「본초」에서는 "쇠비름은 모든 악창을 다스리고 대, 소변을 통리한다. 갈증을 덜어 주고 모든 기생충을 죽인다. 약에 넣을 때에는 줄기와 마디(節)를 버리고 잎만 쓴다. 쇠비름 씨는 청맹(靑盲)과 눈병을 주치하는데 가루를 타서 마신다"라고 하였다. 「본초비요」에서도 "쇠비름은 피(나쁜 피)를 흩어 버리고 독을

푼다. 풍을 없애고 기생충을 죽인다. 모든 임질, 이질을 다스린다. 악창에는 태워서 재를 고약처럼 달여서 바른다. 소아 단독(小兒丹毒)에는 즙을 내어 먹이고 바른다. 장(腸)을 이(利)하고 산(産)을 활(滑)한다. 잎은 말의 이빨(馬齒)과 같은데 대, 소의 두 종이 있다. 작은 종이 약에 쓰인다. 줄기를 버리고 쓴다. 바닷물고기와 같이 먹는 것은 꺼린다"라고 씌어 있다. 「백병비방」과 「식요본초(食療本草)」에 "촌백충(寸白蟲)에는 쇠비름을 물에 진하게 달여 즙 한 사발에 소금과 식초를 조금 넣어 공복에 마시면 충이 나온다"라고 하였다. 또 여러 문헌에 쇠비름의 효능에 대한 기록이 있다.

항문에 종기가 생겼을 때, 쇠비름과 꽈리를 등분하여 달인 물로 하루 2, 3번씩 씻으면 대단히 효과가 있다.(「경험양방」) 각기병에 쇠비름을 멥쌀 장국에 넣어 끓여 먹으면 효과가 있다.(「외태비요(外台秘要)」) 종기에 쇠비름 2푼, 석회 3푼을 함께 짓찧어 달걀 흰자에 개어 바르면 기효가 있다.(「경험방」) 치질에 쇠비름을 말려 삶아서 먹는다. 처음 발생한 것은 즉시 낫는다.(「의림집요(醫林集要)」) 이질에 쇠비름 즙을 꿀에 타서 1공기씩 온복하면 기효가 있다.(「단방비요」) 중풍으로 반신 불수가 되었을 때 쇠비름 4, 5근을 삶아서 나물과 국물을 함께 먹으면 좋다.(「경험방」) 소아의 배꼽 부스럼에 쇠비름 가루를 환부에 뿌리면 효과가 있다.(「약초지식」) 적백리(赤白痢)에 쇠비름즙을 달걀 흰자에 타서 마시면 유효하다.(「해하당」) 소아 단독(小兒丹毒)에 쇠비름즙을 내어 마시고 바른다.(「본초비요」) (왼쪽, 오른쪽)

비름(野莧, 入莧, 白莧, 赤莧, 紫莧)   Euxolus ascendens Hara.

개비름, 지렁이풀 등으로 불리는 비름과의 한해살이풀이다. 전국의 길가 둑이나 밭둑 근처 빈터 등에 잘 자란다. 1미터의 높이로 자라며 7, 8월에 연한 녹황색 꽃이 피고 9월에 종자가 익으며 식용, 약용으로 쓰인다. 줄기와 잎을 데쳐서 소금과 기름이나 고추장 등에 무쳐 나물로 먹는다. 민간에서 창종, 안질 등에 약재로 쓰인다

주요 성분 이질(痢疾)을 다스리는 성분 등이 함유되어 있다.

채취 방법 비름의 잎은 여름에 채취하며 종자는 가을에 서리가 내려야 익기 때문에 9, 10월에 채취한다.

용도 비름은 예부터 민간 약으로 사용되어 왔다. 헛바늘이 돋았을 때 비름 뿌리를 달여서 마시고 음부(陰部)가 냉한 데 비름 뿌리를 짓찧어 붙이기도 한다. 「본초」에서 "비름은 성질이 차(寒)고 맛은 달며 녹은 없다. 청맹(靑盲)을 주치하며 눈을 밝게 하고 사(邪)를 없앤다. 대, 소변을 통리하고 충독을 없앤다. 간풍(肝風)과 객열(客熱)을 주치한다. 비름잎은 기를 보하고 열을 없앤다. 비름의 종류에는 몇 종이 있는데 약용으로 되는 것은 오직 인현(人莧)과 백현(白莧)뿐인데 이는 같은 종류이다. 적현(赤莧)은 줄기나 잎이 모두 붉은색이 돈다. 적리(赤痢)와 혈리(血痢)를 다스린다. 자현(紫莧)은 줄기나 잎이 자색이고 채과(菜瓜)를 물들인다. 또한 이질을 주치한다"라고 했다. 「성혜방」에서 "입술이 갈라졌을 때, 붉은 비름을 짓찧어 즙을 내어 몇 차례 환부를 씻으면 효능이 있다"라고 했다. 또 「식물요방」에서는 "이질에 비름 4냥을 깨끗이 씻어 물에 진하게 달여 1회 1공기씩 1일 4회 마시면 효과가 있다"라고 하였다.(왼쪽 위)

쇠무릎(牛膝, 牛莖, 山莧菜, 牛夕接骨草, 對節菜, 透骨草, 牛筋, 牛膝草)   Achyranthes japonica Nakai.

쇠무릎지기, 우실 등으로 불리는 비름과의 여러해살이풀이다. 전국의 산야지, 길가, 초원이나 언덕 구릉지에 흔히 자란다. 1미터 높이로 자라며 8, 9월에 백색 바탕에 연한 자주색의 꽃이 핀다. 9월에 종자가 익는데 이 종자는 사람의 옷에 잘 달라붙는다. 식용, 약용으로 쓰이며 한방과 민간에서 각기, 정혈, 보익, 관절염, 통풍, 이뇨, 신경통, 통경 등의 약재로 쓰인다.

주요 성분 올레인산(Oleanolic acid) 등 신경통, 관절염, 다량의 점액(粘液)인, 카리염, 활혈 행하(活血行下) 작용을 치유하는 성분이 함유되어 있다.

채취 방법 11월경 황색의 뿌리를 캐내어 잘 씻은 뒤 건조시켜 통풍이 되는 곳에 보관한다. 종자는 9월에 채집할 수 있다.

용도 • 말린 뿌리를 1일 5 내지 10그램을 물 0.5리터에 넣어 반량쯤으로 달여서 1일 3회 식간(食間)에 나누어 복용하면 신경통, 관절통, 월경 불순, 부인병, 임질 등에 효과가 있다. 여기에다 같은 양의 오수유(吳茱萸)를 첨가해서 달여 마시면 잘 들으며, 특히 관절통에도 특효가 있다. 유선염(乳腺炎)에는 잘 달여 시럽 상태로 만들어 헝겊에 적셔 바르면 좋다. • 우슬은 속명으로 쇠무릎지기라 하며 활혈 행하(活血行下)의 작용이 있어서 월경 불순, 대하, 산후 복통을 치료하고 완화 지통(緩和止痛)의 작용이 있어 각기, 관절염과 활혈, 산어(散瘀), 이뇨의 작용이 있다. 우슬을 생용(生用)하면 악혈(惡血)을 제거하고 소종(消腫), 지통(止痛)하며 근골 동통(筋骨疼痛)에 신기한 특효약이다. 특히 우슬주(牛膝酒)는 난소(卵巢)의 분비 기능(分秘機能)을 감퇴시키는 작용이 있어 낙태나 유산에 부작용이 없이 잘 듣는다. • 우슬은 3종이 있는데 「동의약물학(東醫藥物學)」에서는 "회우슬(懷牛膝)은 관절염을 치료하는 데 특효가 있고, 천우슬(川牛膝)은 기육(肌肉)과 피부가 피로하여 동통(疼痛)과 신경통이 있는 데 기력과 강장의 효과가 크다"고 한다.(왼쪽 가운데, 아래)

둥글레(黃精, 玉竹, 山玉竹, 萎蕤, 仙人飯, 菟竹, 玉芝草, 太陽草, 救荒草)　Polygonatum jap-
onicum Morr. et Decais.

둥글레, 죽대뿌리, 산둥글레,괴불꽃, 황정(黃精, 생약명) 등으로 불리는 백합과의 여러
해살이풀이다. 전국의 산야지 그늘이나 고산의 초원지에 흔히 자란다. 30 내지 50
센티미터의 높이로 자라며 6, 7월에 백색 바탕의 화관 끝에 녹색인 꽃이 핀다. 8월에
종자가 익으며 식용, 관상용, 약용으로 쓰인다. 지하경으로 엿을 고아 먹으며 강정식
을 해 먹는다. 화단이나 화분에 관상용으로 심으며 한방과 민간에서 폐렴,강심, 자양,
강장, 당뇨병, 명목, 풍습 등의 약재로 쓰인다.

주요 성분　자양 완화 작용을 하는 성분이 함유되어 있다.

채취 방법　가을부터 겨울에 걸쳐 뿌리를 캐내어 물로 씻은 다음 솥에 쪄서 햇볕에

말린 것이 '황정' 또는 '위유(萎蕤)'라고 한다. 지하경의 모양이 흑갈색이고 비대하다.

용도 ● 지하경은 마디가 있는 것과 없는 것이 있다. 마디가 있는 것은 '진황정', 없는 것은 '황정'이다. 민간에서 병을 앓고 난 허약한 사람에게 자양 완하제(滋養緩下劑)로서 이용되고 있으며, 그 맛이 달콤하고 특히 오장에 두루 좋은 영양을 준다고 한다. ● 둥글레는 뿌리와 줄기도 강장, 강정약으로 예부터 유명한 약효를 가지고 있으며, 옛날에는 시장에서 아낙들이 난전에서 팔았다고 한다. 황정과 진황정은 모두 약효가 비슷하며 황정은 쪄서 강정을 만들어 팔기도 했다 한다. 이것이 바로 황정탕의 엿이라고 한다.(왼쪽, 오른쪽)

맥문동(麥門冬, 土麥冬, 魚子蘭) Liliope Koreana Nakai.
　개맥문동 등으로 불리는 백합과의 여러해살이 늘푸른 풀이다. 전국의 산지에 흔히
자라는 풀이다. 30센티미터의 높이로 자라며 7, 8월에 자주색이 도는 연보라색의
꽃이 핀다. 10월에 종자가 익으며 관상용, 약용으로 쓰인다. 정원이나 화분에 심어
관상하며 한방과 민간에서 이뇨, 심상념, 해열, 감기, 진정, 청종, 강장, 명목, 최유,
진해 등의 약재로 쓰인다.
　주요 성분 당분, 점액질, 사포닌 등이 함유되어 있다.

채취 방법 가을이나 겨울에 뿌리를 뽑으면 대추알만한 괴경이 달린다. 이 괴경만 따내고 풀은 다시 심으면 자란다. 이 괴경을 그늘에서 말리어 다시 열탕에 담갔다가 근(筋)을 빼고 햇볕에 말리면 한방의 생약, 맥문동이 된다.

용도 ● 예부터 전해 온 생약 맥문동은 사포닌을 함유하고 있어 가래를 없애고 기침을 멈추게 하며 위를 보하는 강장의 묘약이다. 또한 심장판막증 때문에 가슴이 울렁거리는 등 숨이 찬 데는 맥문동 3그램을 반 컵 정도의 물에 반량이 되도록 달인다. 1일 3회를 공복시에 차게 해서 마시면 유효하다.(왼쪽, 오른쪽)

마(山藥, 薯蕷, 山薯, 自然薯, 長芋, 玉延, 兒草, 山芋, 山藷, 土藷) Dioscorea batatas Decaisn.
참마, 산약(생약명), 생산약 등으로 불리는 마과의 여러해살이 덩굴 식물이다. 원산지
가 중국이었던 것을 재식하였으나 야생 상태로 퍼져 흔히 자라고 있다. 1, 2미터의
길이로 뻗으며 6, 7월에 연한 녹백색의 꽃이 피고 10월에 종자가 익는다. 식용, 약
용, 관상용으로 쓰인다. 이 풀의 괴경을 갈아서 음식에 섞어 먹기도 하고 쪄서 먹기도
한다. 화분에 심어 관상용으로도 쓰며 한방과 민간에서 자양 보호, 요통, 건위, 강장,
동상, 화상, 유종, 양모, 갑상선종, 심장염 등의 약재로 쓴다.
주요 성분 점액 물질, 단백질, 뮤신, 아르기닌, 코린, 아란도인, 아민류, 아미노산,
만난, 디아스타제 등이 함유되어 있다.
채취 방법 가을에 서리가 내릴 무렵 뿌리를 캐어 껍질을 벗겨 생으로, 혹은 살짝
쪄서 볕이나 온돌에 말린다. 생으로 말린 것을 생산약(生山藥), 쪄서 말린 것을 증산
약(蒸山藥)이라 한다. 하지만 생산약을 일명 '마'라 하여 진귀(珍貴)하게 여긴다.
용도 ●「본초비요(本草備要)」'마가곡채부(馬家穀菜部)'에 수록된 것을 보면 옛날에
는 채소로 재배하여 널리 식용했던 것 같다. 한자로 마를 산우(山芋 산토란), 일명
산감자라 한 것을 보면 식용 식물이 분명하다. 마 뿌리는 무신(粘質物), 아탄트인,
아르기닌, 코린 등과 일종의 디아스타제가 함유돼 있다. 중국에서는 마늘, 오리알과
함께 먹으면 복통을 일으킨다 하여 기식(忌食)한다고 한다. ● 마는 민간 요법에서
많이 쓰이는 약 가운데 하나이다. 재배한 것보다 야생한 것이 약성이 훨씬 강하다고
한다.

「약용식물사전」에는 "마는 한방에서 자양 강장제로 쇠약증에 사용하며, 또한 거담에 효과가 있다. 민간에서도 또한 유정(遺精), 야뇨(夜尿) 등의 증상에 1일 15그램 가량을 달여 마신다. 기타 생근을 강판에 갈아서 부스럼, 동상, 화상, 뜸자리, 유종 등에 밀가루로 반죽하여 종이에 발라 붙인다"라고 씌어 있다. 「본초」에 "마는 허로(虛勞)와 몸이 쇠약한 것을 보한다. 오장을 튼튼히 하며 기력을 증강시키고 근육과 뼈를 강하게 하며 정신을 편하게 한다. 2월 봄, 8월 가을에 뿌리를 캐어 긁어서 흰빛 나는 것이 좋으며 삶으면 식용으로 되나 많이 먹으면 기(氣)가 체한다. 마를 말리는 방법은 비대한 것을 골라서 누른 껍질을 긁어 버리고 물에 담근 후 백반을 조금 넣은 다음 하룻밤을 재워 두면 연한 액이 없어지는데 이것을 불에다 말려서 쓴다"고 씌어 있다. 「본초비요(本草備要)」에는 "마의 색이 흰 것은 폐로 들어가고 단(丹) 것은 비(脾)로 들어간다. 비, 폐와 빈혈을 보한다. 장과 위를 튼튼히 하고 피부와 털을 윤택하게 한다. 설사를 멈추게 하고 신(腎)을 보하고 음(陰)을 강하게 하며 허손 노상(虛損勞傷)을 다스린다. 심기(心氣)에 유익하고 건망증, 유정을 다스린다. 생근을 찧어 부스럼에 붙이면 종기가 사라져 버린다. 단계(丹溪)를 말하되 많은 양기를 보하고 생것은 종기를 버린다"고 씌어 있고 급성 이질에 생마 반, 볶은 마 반을 각각 가루로 만들어 미음으로 마시면 즉효가 있다.

천식에 생마를 짓찧은 즙 반 공기와 사탕수수즙 반 공기를 한데 끓여서 마시면 즉효가 있다.(「백병비방」) 설사에 마와 창출을 등분하여 가루로 만들어 밥으로 환을 지어 1회 1돈씩 미음으로 먹는다.(「민간힘방」) (왼쪽, 위 왼쪽, 오른쪽)

역귀(蓼, 辣菜, 若菜, 辛菜, 魚毒草)　Persicaria hydropiper L.

여뀌, 개여뀌 등으로 불리는 역귀과의 한해살이풀이다. 전국의 야지, 습지, 냇가, 구릉지 등에 잘 자란다. 60센티미터의 높이로 자라며 6월에서 9월에 백색, 홍색, 자주색 등 여러 가지 색의 꽃이 핀다. 10월에 종자가 익으며 식용, 밀원용, 약용에 쓰인다. 줄기와 잎을 짓이겨 냇물에 풀어서 물고기를 잡기도 하며 잎은 맛이 매우므로 조미료 재료로도 쓴다. 맵기 때문에 '날채(辣菜)'라고 부르며 고채, 당채라고도 불린다. 어린 잎은 데쳐서 나물로 하여 먹기도 한다. 양봉 농가의 늦가을 꿀 따는 데 도움을 주는 풀이며 한방과 민간에서 통경, 각기, 부종, 이뇨, 장염, 창종 등에 약재로 쓴다.

주요 성분 아이소람네틴(Isorhamnetin) 등 피로 회복 성분이 함유되었다 한다.

채취 방법 8, 9월에 잎과 줄기를 채취하여 그늘에 잘 말리어 보관한다.

용도 ● 역귀 누룩 제조법은 찹쌀을 역귀의 즙에 담가 하루가 지난 후 건져서 밀가루로 반죽하여 만드는데 이것을 요국(蓼麴)이라고 한다.

「본초」에는 "초복에 역귀 씨를 채취하여 물에 불려 가지고 그릇에 심어 그 그릇을 불 위에 높이 달아 주야(晝夜)로 따뜻하게 하면 붉은 싹이 돋아나는데 이것을 나물로 하여 먹으면 좋다. 역귀는 풀인데 못 가운데서 돋아나며 자료(紫蓼), 수료(水蓼), 향료(香蓼), 목료(木蓼) 등 7속이 있다. 자료, 향료, 청료는 가식용이 되며 잎이 모두 좁다. 모든 요화(蓼花)가 홍백(紅白)하고 씨는 적색, 흑색이다"라고 했다.

수영(酸模, 山大黃, 酸黃, 土大黃, 山羊蹄, 蘿蓏, 鹿角舌, 牛舌竇)　Rumex acetosa L.

시금초, 괴승애, 괴승아, 산시금치, 괴싱아, 산모(酸模, 생약명) 등으로 불리는 역귀과
의 여러해살이풀이다. 전국의 야지, 길가, 언덕이나 밭둑 근처에 잘 자라는 풀이다.
1미터 높이로 자라며 5, 6월에 담황색으로 이삭 모양의 꽃이 핀다. 8월에 종자가
익으며 식용, 관상용, 밀원용, 약용 등으로 쓰이는데 잎과 줄기는 아이들이 즐겨 먹고
어린 잎은 삶아서 나물로 먹는다. 화단에 관상초로 심으며 양봉 농가에 꿀을 보태
주고 한방과 민간에서 통경, 옴, 비듬, 피부병 등의 약재로 쓰인다.

주요 성분　옥셀리산(Oxalic acid) 등 완화 작용 성분이 함유되어 있다.

채취 방법　봄이나 가을에 뿌리를 채취하여 잘 말려 보관한다.

용도　「약용식물사전」에는 "신선한 뿌리와 줄기를 짓찧어 즙을 내어 옴에 바르면
유효하다. 꽃을 따서 말려서 달여 마시면 건위, 해열에 좋고 뿌리를 달인 즙은 외창
(外瘡)의 지혈제로도 유효하다"고 하였다. 또 「본초」에서는 "수영은 소아의 열을
다스리는데 그 싹을 따서 생식하거나 즙을 내어 먹이든가 한다. 신맛이 있어 먹기가
좋다"라고 하였다.

소루쟁이(羊蹄, 土大黃, 紅筋大黃) Rumex japonicus Houtt.
참소루장이, 참송구지, 소리쟁이, 솔구지, 참소리쟁이,
소로지, 양제근(羊蹄根, 생약명), 양제 등으로 불리는
역귀과의 여러해살이풀이다. 전국의 야지, 길가 혹은
밭둑이나 빈터 등에 흔히 자라는 풀이다. 60에서 150센
티미터의 높이로 자라며 6, 7월에 황록색의 이삭 모양의
꽃이 핀다. 10월에 종자가 익으며 식용, 약용으로도 쓰인
다. 어린 잎을 삶아 나물로도 먹는다. 한방과 민간에서
살충, 설사, 해열, 어혈, 건위, 각기, 부종, 황달, 변비, 통
경, 산후통, 피부병 등의 약재로 쓰인다.
주요 성분 안트라키논 유도체, 네포진 등이 함유되어
있다.
채취 방법 가을에 뿌리를 캐어 잘 말려서 보관한다.
용법 민간에서는 지하의 뿌리를 캐서 생체로 갈아 초를
섞어 갠 것을 바르면 모든 피부병에 효과가 있다고 예부
터 많이 사용해 왔다. 버짐, 옴, 백선, 무좀, 가려움증,
진물 등에 유용하다. 특히 무좀에는 하루에 2, 3회 바꾸어
붙이면서 3개월 정도 계속하면 효과가 있다 한다. 10그램
을 하루 분량으로 하여 1컵 반 정도의 물에 넣어 절반
정도로 달여서 찌꺼기를 없애고 식간에 3회로 나누어
마시면 변비에 좋다. 한방에서는 예부터 '대황'의 대용으
로, 또한 민간약으로 선인들이 많이 사용하던 풀이기도
하다.

짚신나물(龍芽草, 地洞風, 子母草, 黃牛尾, 地草, 老牛筋, 瓜香草, 地仙草)　Agrimonia pilosa Ledeb. var, japonica Nakai.

광아, 짚신풀, 롱아초, 랑아초, 용아초(생약명), 선학초 등으로 불리는 장미과의 여러해살이풀이다. 전국의 야지, 길가 둑이나 초원에 흔히 자란다. 50에서 100센티미터의 높이로 자라며 7, 8월에 황색의 꽃이 피고 9월에 종자가 익는다. 식용, 관상용, 약용으로 쓰이고, 어린 잎을 나물로 먹으며, 화단에 관상초로 심기도 한다. 한방과 민간에서 하리, 지혈, 대하증, 선혈, 구충제 등 약재로 쓴다.

주요 성분　페놀(Phenol) 등 여러 가지가 함유되어 있다.

채취 방법　여름에 뿌리, 줄기 모두를 채취하여 그늘에 잘 말려 보관한다.

용도 「약용식물사전」에는 "한방에서는 줄기, 잎, 뿌리를 함께 생으로 또는 말려서 달여 수렴(水斂)제, 강장, 복통, 하리 등에 사용한다. 1일 용량은 5그램이다"라고 하였다. 「약초의지식」에서는 "중국에서는 적리(赤痢)에 전초(全草)를 말리어 달여서 복용한다. 하리에는 잎, 줄기, 뿌리를 함께 말려 1일 15그램을 달여 마신다.연성 하감(軟性下疳)에 뿌리를 달인 즙으로 음부의 상처를 씻으면 대단히 효과가 있다. 식량난에 열매만 삶아 먹고 영양 실조에 걸린 사람이 많다. 전쟁중에 이 풀의 가루가 다량으로 쓰였다"고 씌어 있다.

짚신나물 뿌리에는 독이 있다. 옴, 악창, 치질 등을 다스리고 촌백충 등 기타 모든 충(蟲)을 죽인다.(「본초」) (왼쪽, 오른쪽)

부들(香蒲, 蒲棒, 蒲草, 小香蒲, 甘蒲, 醮石)　Typha orientalis Presl.
　　좀부들, 포황(생약명), 향포 등으로 불리는 부들과의 여러해살이풀이다. 제주도와 본토의 야지, 못가에 흔히 자라는 풀이다. 1.5미터의 높이로 자라며 7월에 꽃술만 보이는 황색의 꽃이 핀다. 10월에 종자가 익으며 식용, 관상용, 공업용, 약용으로 쓰인다. 어린 싹은 생으로 먹으며 맛이 달고 술에 담가서 먹기도 한다. 부들 김치, 부들 부침개 등을 만들어 먹으며 중국 요리에 많이 쓰인다. 부들의 잎은 바구니 등 가내 공업용의 재료로 쓰이며 연못에 심어 관상용으로 쓰인다. 한방과 민간에서 지혈, 토혈, 탈항, 이뇨, 배농, 대하증, 월경 불순, 방광염, 한열 등의 약재로 쓰인다.
　　주요 성분　이소라므네틴알(배당체), 파지프아스태린, 스태아린산(酸), 파르미틴산 등이 함유되었다.
　　채취 방법　7월에 꽃가루를 잘 채취하여 말려 두고 줄기, 잎도 잘 말리어 보관한다.
　　용도　부들은 민간약으로 많이 쓰이며, 한방에서는 화분(꽃가루)을 포황(蒲黃)이라 하여 지혈약으로 쓰인다.
　　「약용식물사전」에는 "꽃가루를 달여 쓰면 지혈, 이뇨, 보혈 약으로서 효과가 있고 또한 발한과 천식 등에 유효하다. 기타 심복(心腹) 방광의 열을 없애고 자궁 출혈 등에 1일 14그램 정도를 달여서 쓰면 효과가 있다. 환약(丸藥)의 옷을 입히는 데 우수하다"라고 씌어 있다. 「본초」에는 "부들은 출혈을 막고 어혈을 푼다. 혈리, 자궁

출혈을 다스린다. 종기를 파하는 데 생으로 쓰고, 혈을 보하고 출혈을 그치게 하는
데는 볶아서 쓴다. 부들의 어린 싹은 오장의 사기를 없애고, 치아를 강하게 하며 귀와
눈을 밝게 한다"라고 씌어 있다. 다음은 여러 문헌에 전하는 부들의 효능이다.

부들은 혈분의 약이다. 경맥을 통하고 소변을 고르게 하며 타박상이나 모든 종기를
다스린다. 볶아서 쓰면 모든 출혈과 자궁 출혈을 그치게 한다.(「본초비요」) 손,발바닥
이 갈라졌을 때 부들 꽃가루와 생강 가루를 섞어 뿌리면 즉효가 있다.(「송도종방(宋度宗
方)」) 천식에 부들 잎을 말려 가루를 내어 미음에 2돈씩 타서 마신다.(「중장경(中臟
經)」) 관절통에 부들 꽃가루 8냥, 삶은 부자(附子) 1냥을 함께 가루로 만들어 매번
1돈씩 냉수로 마신다. (「부후방(肘後方)」) 출산하려 할 때 부들 꽃가루 2돈을 더운
물에 타서 마시면 속히 출산한다.(「집일방」) 난산(難産)할 때 부들 꽃가루를 물에
씻어 불에 태운 지렁이, 진피(陳皮), 묵은 귤 껍질을 등분하여 각 1돈씩 볶아서 가루로
만들어 물에 타서 마시면 즉시 순산한다.(「당관미방(唐慣微方)」) 산후 악혈(惡血)에
부들 꽃가루 2냥을 물 4홉에 달여 반량으로 졸여 한번에 마시면 유효하다.(「승금방
(勝金方)」) 산후 복통에 부들 꽃가루 3돈씩을 미음에 타서 마신다(「매사방(梅師方)」)
소아 탈항에 부들 꽃가루 1냥을 돼지 기름 2냥에 넣고 달여 고약을 만들어 붙이면
곧 낫는다.(「의학입문」) (왼쪽, 위 왼쪽, 오른쪽)

바디나물(日前胡, 前胡, 血藤, 滿胡, 西天蔓, 射香菜)　Angelica decursiva Fr. et Sav.
　사약채, 전호(생약명) 등으로 불리는 미나리과의 여러해살이풀이다. 우리나라 제주도
와 본토 일대의 산야지, 습한 곳에 잘 자라는 풀이다. 1.5미터 높이로 자라며 8, 9월에
백색의 꽃이 피고 11월에 종자가 익으며 식용, 관상용, 약용으로 쓰인다. 어린 잎을
데쳐서 나물로 먹으며 화단에 심어 관상하기도 한다. 한방과 민간에서 감기, 정혈,
진통, 진정, 진해, 빈혈, 부인병, 두통, 이뇨, 역기, 간질, 건위, 사기, 익기, 치통 등의
약재로 쓰인다.
　주요 성분　노다케리틴(Nodakenitin), 노다케닌 배당체 등 여러 가지가 함유되어
있다.
　채취 방법　10, 11월경에 지상부가 시들 때에 뿌리를 캐어서 물에 씻어 바람이 잘
통하는 그늘에서 말린다. 충분히 건조되면 줄기 내부가 담황색을 이루고 향기가 짙은
것이 좋은 품질이다. 종이 봉지 등에 보관하며 상하지 않게 바람이 통하는 곳에 두어
야 한다.

용도 민간에서 줄기와 잎을 약용으로 쓰며 뿌리는 그늘에서 말리어 감기약으로 쓰인다. 해열, 거담 등에 쓴다. 이 풀은 길쭉한 모양이 바리와 비슷하다. 바디나물의 뿌리는 한약명으로 전호(前胡)라고 하며, 꽃이 피기 전 해 또는 봄에 발아할 즈음에 뿌리를 캐어 말려서 약재로 쓰기도 한다. 한방에서 해열, 진통, 진해 등의 약으로 쓰인다.

「약용식물사전」에 "전호(前胡)의 기미(氣味)는 방향성(芳香性)이 있으며, 약간 쓴 편이다. 진통, 진해, 거담, 하혈의 효능이 있고 감기, 폐열 등에 쓰이며, 진구(鎭嘔) 건위의 제약의 배합제로 쓰인다"라고 씌어 있다. 「본초」에는 "전호의 성질이 미한(微寒)하고 맛은 맵고 독은 없다. 모든 허로(虛勞)를 다스리고 기를 내린다. 담(痰)이 속에 찬 것과 속이 막힌 것을 다스린다. 기침을 그치게 하고 위를 열어 주며 음식을 내리게 한다"고 하였다. 「본초비요」에도 "전호는 담열(痰熱)과 기침, 구역, 곽란, 소아의 감기 등을 다스린다. 껍질이 희고 살이 검고 달며 기(氣)가 향기로운 것이 좋다"라고 했다.(왼쪽, 오른쪽)

미나리(芹, 水芹, 水芹菜, 小葉芹)   Oenanthe stolonifera D.C.

　잔잎미나리, 개미나리, 불미나리, 돌미나리, 똘미나리, 수근(水芹, 생약명) 등으로 불리는 미나리과의 여러해살이풀이다. 전국의 산야지 연못가나 산골짜기의 도랑에 흔히 자라며, 농가에서 재배도 하는 풀이다. 30센티미터의 높이로 자라며 7, 8월에 백색의 꽃이 피고 9월에 종자가 익으며 식용, 관상용, 약용으로 쓰인다. 이른봄에 어린 잎을 데치거나 생것으로 나물을 만들어 먹는다. 화분에 심어 관상초로 사용한다. 한방과 민간에서 익정, 주독, 장염, 황달, 대하증, 식욕 촉진, 해열, 수종, 고혈압, 신경통 등에 약재로 쓴다.

　주요 성분　콜린(Coniine) 등 단백질, 지방, 칼슘, 인, 철분, 당질, 섬유질 등과 비타민 A_1, B_1, B_2, C가 함유되어 있다.

　채취 방법　날것으로 사용할 때에는 이른봄에 뿌리째 캐어서 사용한다. 다른 경우는 채취하여 그늘에서 며칠 동안 건조하여 종이 봉지 등에 넣어 통풍이 잘 되는 곳에 보관한다.

용도 「동의보감」에 "미나리는 냇가 도랑 등에 야생하는 것이 좋으며, 잎은 류머티스를 치료하고, 비타민 함유량이 많아서 알칼리성 식품이다. 혈액을 보호하고 정신을 맑게 하며, 여성의 대하에도 유효하다"라고 씌어 있다. 또 혈압이 높고 신열이 날 때도 미나리즙을 마시면 특효이다. 각종 황달병에는 야생 미나리(혹은 중국 미나리) 300그램의 즙을 1일 3회씩 식후에 마시는데 하루는 생즙, 하루는 끓여서 뜨겁게 하여 마신다. 재배하는 미나리로 사용할 수 있지만, 이 경우에는 그 양을 배 이상으로 늘려야 한다. 월경이 미리 나오거나 빛깔이 자주색일 경우, 야생 미나리 한 묶음을 썰어서 넣고 2그릇의 물을 부어 삶는다. 물이 3분의 1로 줄어들면 1일 3회씩 식전에 누워서 마신다. 재배용 미나리는 2배로 해야 된다. 부인의 하혈(下血)과 오색대하증에는 미나리 삶은 물을 1일 3회로 식전에 1잔씩 마신다. 고혈압, 심장열, 위장병이 악화되었다면 생미나리의 즙을 1회 1잔씩 하루에 3 내지 5회 계속 복용한다.
(왼쪽, 오른쪽)

택사(澤瀉, 水瀉, 芒芋, 車苦菜, 川澤瀉)　Alisma orientale Juzep.

　잘경이택사, 쇠귀나물, 벗풀, 쥐귀나물, 물배짜개, 택사(생약명) 등으로 불리는 택사과
의 여러해살이풀이다. 우리나라 울릉도와 본토의 연못이나 습한 곳에 잘 자라는 풀이
다. 1미터 높이로 자라며 8, 9월에 백색 바탕에 연한 홍색이 도는 꽃이 피고 10월에
종자가 익으며 관상용, 약용으로 쓰인다. 못가에 관상초로 심으며 한방과 민간에서
강장, 보로, 이뇨, 부종, 창종, 최유 등의 약재로 쓰인다.

　주요 성분　진해, 해열과 위내정수 등을 작용하는 성분이 함유되어 있다.

　채취 방법　4, 5월에 전초를 캐내어 털뿌리를 제거하고 겉껍질은 버리고 솥에 쪄서
햇볕에 건조한다. 종이 봉지에 보관하며 통풍이 잘 되는 곳에 보관한다.

용도 택사는 못 또는 늪지에 나는 수생 식물(水生植物)이며 한방의 약재로 많이
쓰인다. 꽃이 필 때 풀 전체를 채취해서 잎의 넓은 부분을 제거하고 잘 씻은 뒤 말려
둔다. 이것을 각(刻) 내어 1일 5 내지 15그램씩 물에 달여서 마시면 이뇨제가 되며
부종, 각기, 더위 먹은 데, 당뇨병, 현기증 등에 효과가 있다. 젊은 사람이 성욕(性慾)
이 항진(亢進)해서 괴로움을 받을 때 이 풀의 구경(球莖)을 먹으면 억제된다고 한다.
택사는 약성(藥性)이 미고(味苦)하며 한기가 있어 종양, 구갈, 제습, 통림, 음허 발한
(陰虛發汗)이 있는 증상 등에 특효가 있고 이수, 소염, 담습 수습약으로 한의학에서
사용한다.(왼쪽, 오른쪽)

마름(馬藻, 菱, 菱角, 菱花)　Potamogeton crispus L.

새발마름, 골뱅이, 몽실(열매, 생약명) 등으로 불리는 가래과의 여러해살이풀이다. 우리나라 본토(육지)의 늪이나 연못 속에서 자라는 풀이 물 위에 떠서 꽃이 된다. 30에서 70센티미터 높이로 자라며 5, 6월에 백색의 꽃이 피고 7월에 종자가 익는다. 관상용, 약용으로 쓰이며 연못 등에 관상초로 심는다. 민간에서 자궁암(子宮癌), 위암(胃癌) 등의 약재로 쓰인다.

주요 성분　항암 성분이 들어 있다고 한다.

채취 방법　가을에 열매를 모아서 햇볕에 2, 3일 건조하여 종이 봉지 등에 넣어 통풍이 잘 되는 곳에 보관한다.

용도　「동의보감」에는 "민간에서 마름의 열매 5개쯤을 물 1홉과 달여서 장기적으로 1일 3회씩 나누어 마시면 암(癌)에 효과가 있다. 마름 열매 5개, 번행(蕃杏) 20그램, 율무 20그램, 현지초(玄之草) 20그램, 결명자 20그램, 이상 다섯 가지를 4홉의 물로 그 반량이 되도록 달여 1일 3회 나누어 식전에 복용하면 위암(胃癌), 자궁암(子宮癌) 등 모든 암에 유효하다"고 전해진다. 마름의 과실을 생식(生食)하면 소화 촉진이 된다고 하는데 많이 먹으면 좋지 않다. 마름의 열매 4 내지 5개를 물 4홉으로 그 반량이 되도록 달여 식전에 1일 3회로 나누어 마시면 주독(酒毒), 태독(胎毒) 등에도 효과가 있으며, 부인병(婦人病)에는 영양제가 되고 눈을 밝게 한다고 전해진다.

천마(天麻, 赤麻, 竹杆草, 神草) Gastrodia elata Blume.

수자해좃, 천마(생약명) 등으로 불리는 난초과의 여러해살이풀이다. 우리나라 제주
도, 육지의 산야 수림 속 음습한 곳에 자라는 풀이다. 20에서 50센티미터의 높이로
자라며 7, 8월에 황갈색의 꽃이 피고 9월에 종자가 익는다. 약용, 관상용으로 쓰이
며, 화분이나 화단에 관상초로 심으며 한방과 민간에서 약재로 쓴다.

주요 성분 강장 및 신경 쇠약을 다스리는 성분이 있다

채취 방법 5월에 꽃줄기가 올라올 무렵 뿌리 괴경(塊莖)을 채집하여 잘 말려 보관한
다.

용도 천마(天麻)는 숲속에 자라는 무엽란(無葉蘭)이며 기생하는 식물로 보통 식물처
럼 녹색의 잎이 없고 대신 적갈색 비닐 모양의 포엽이 있다. 이 줄기의 밑동이 지하에
길이 10센티미터 가량의 비대한 땅속줄기를 가지고 있는데 이것을 약용으로 쓰며
천마라고 부른다. 이 천마를 1일 3 내지 5그램씩 복용하면 강장제가 되고 현기증,
두통, 신경 쇠약, 진경(鎭痙), 감기의 열, 사지가 저린 데 등에 효과가 있다. 여기에다
천궁(川芎)을 추가해서 달여 마시면 더욱 효과가 있다 한다. 한방에서 말하는 천마의
약효는 진경, 강장약 및 풍열 두통, 현훈(眩暈), 풍습비, 사지 구련(四肢拘攣), 소아
경간(小兒驚癇), 경기 등의 치료에 특효약이다. 특히 중풍과 반신 불수(半身不隨), 곧
탄환에 특효가 있다. 학명 유래를 살펴보면 Gastrodia는 희랍어 gaster(胃)에서 유래된
것이며, 꽃이 필 무렵이나 약간 피었을 때의 모양이 위처럼 부풀며 피기 때문에 이
모양에서 유래되었다 한다.(왼쪽, 오른쪽)

꿀풀(글→뒤)

꿀풀(夏枯草, 夕句, 羊胡草) Prunella vulgaris L.

꿀방망이, 제비풀(조개나물), 가지골나물, 두메꿀풀(생약명), 하고초(夏枯草) 등으로 불리는 전국의 산야지 초원이나 길가 언덕에 흔히 자라는 풀이다. 30센티미터의 높이로 자라며 5, 6월에 자색이나 백색의 꽃이 피고 6월에 종자가 익으며 식용, 관상용, 밀원용 등에 쓰인다. 예부터 아이들이 이 꽃을 따서 입에 빨아 먹으면 꿀이 나온다 해서 즐겨 먹는다. 키가 작아 화분에 심어 관상초로 이용하기도 하고 꿀이 많아서 양봉 농가에 도움을 준다. 한방과 민간에서 강장, 고혈압, 자궁염, 이뇨, 해열, 안질, 갑상선종, 임질, 두창 등의 약재로 쓰인다.

주요 성분 프루엘린(Prunellin) 등 여러 가지 성분이 함유되어 있다.

채취 방법 7, 8월에 꽃이삭을 줄기째 채취하여 그늘에서 말리어 통풍이 잘 되는 곳에 보관한다.

용도 이 풀은 하지가 지나면 시든다 해서 하고초란 이름이 붙여졌다고 한다. 예부터 이뇨약으로써 임질을 고치는 데 써 왔으며 이 밖에 자궁병, 월경 불순, 방광, 하탈, 신장병, 적리, 건위, 히스테리, 폐병, 늑막염, 눈병 등에 사용되고 있다. 임질에는 하고초 20그램을 물 4홉으로 그 반량이 되게 달여 이것을 1일분으로서 식후 3회에 나누어 마시면 좋으며, 하고초와 결명자를 각각 20그램씩 섞어 달여 마시면 더욱 효과가 있다. 눈병에는 달여서 마시든지 또는 달인 즙으로 씻든지 하면 효과가 있다.

「본초학」에는 "약성이 미고(味苦)하며 약리 작용은 나력(瘰癧), 영류(癭瘤), 파징가(破癥瘕), 산결(散結), 습비(濕痺) 등을 치료하는 데 특효약이며 자궁병, 월경 불순, 안병, 이뇨에 효과가 좋고 결핵이나 결핵성 질환에 약효가 매우 좋다"라고 씌어 있다.(앞, 위)

88

익모초(益母草, 坤草, 四稜草, 茺蔚, 野麻, 益母菜, 野故草) Leonurus sibiricus L.
　암눈비앗, 충위자(생약명), 익모초종자, 익모초 등으로 불리는 꿀풀과의 두해살이풀
이다. 전국의 야지 초원이나 습지변 혹은 농가에서 재배도 하여 민간약으로 널리
사용해 온 풀이다. 1.5미터 높이로 자라며 7, 8월에 꽃이 피고 꽃은 흰색이 섞인 홍색
으로 피며 종자는 9월에 익는다. 약용, 밀원용으로 쓰이며 꿀이 많아 양봉 농가에
도움을 주고 한방 및 민간에서 사독, 정혈, 자궁 수축, 결핵, 부종, 유방염, 만성 맹장
염, 대하증, 자궁 출혈, 단독(丹毒), 명목, 산후 지혈 등의 약재로 쓰인다.
　주요 성분　러누리딘 리코핀(Leonuridine Lycopin) 등 여러 가지 성분이 함유되어
있다.
　채취 방법　7, 8월에 꽃이 필 때 줄기와 잎을 채취하여 될 수 있는 대로 빠른 시간에
볕에 말리어 통풍이 되는 곳에 잘 보관해야 하며 곰팡이가 나지 않도록 주의해야
한다. 종자는 9, 10월에 채취하여 잘 말려서 종이 봉지에 보관한다.
　용도　이 풀의 전초(全草)를 약용으로 쓰며 옛날 한방 처방에, "부인에 적합하고
눈을 밝게 하며 정(精)에 도움을 주므로 익모초(益母草)라 한다"고 쓰였다. 꽃이 피었
을 때 전초를 채취하여 음지에서 말려 1회에 5그램 내외를 물 3홉에 넣어 그 반량이
될 때까지 달여 1일 3회로 나누어 마시면 부인 산후(婦人産後)의 지혈(止血), 보정
(補精) 등에 특효가 있다. 또한 월경을 수월하게 하며 오랫동안 멎지 않는 데도 묘효
(妙效)가 있다. 일반적으로 모든 부인병에 효과가 있는 것 같다고 적혀 있다. 한방약
에 익모초는 속명 '암눈비앗씨'라고 한다. 약성이 미감(味甘)하고 부인(婦人)의 영약이
며 거어혈(去瘀血), 생신혈(生新血), 임산(姙産) 전후하여 쓰는 보약이다.

차조기(紫蘇, 蘇, 紅蘇, 紅紫蘇, 水蘇, 香蘇, 黑蘇, 桂荏, 蘇麻, 白蘇, 赤蘇, 野蘇, 紫蘇草) Perilla frutescens Brit. var. acuta Kudo.

자주깨, 붉은깨, 차즈기, 소엽(蘇葉, 생약명), 소자(蘇子 : 차즈기 씨) 등으로 불리는 꿀풀과의 한해살이풀이다. 중국이 원산지인 재식 식물로 약초 농가에서 재배도 하며, 간혹 야생 상태로 퍼진 풀이다. 60센티미터의 높이로 8, 9월에 담자색의 꽃이 피고 10월에 종자가 익는다. 식용, 관상용, 공업용, 약용으로 쓰이며 어린 잎은 식용으로도 한다. 관상초로도 심으며 식품의 착색제, 향료, 기름 등으로 쓰인다. 한방과 민간에서 발한, 지혈, 해열, 유방염, 진해, 풍질, 진통, 진정, 이뇨, 몽정 등의 약재로 쓰인다.

주요 성분 방부제 및 제과의 향료, 유(油)에는 시소알데이트의 안치오키줌 등이 함유되어 있다.

채취 방법 7, 8월에 줄기와 잎은 채집하여 말리고, 가을에 종자를 채취하여 잘 보관한다.

용도 차조기 잎은 그윽한 향기가 있어 식욕을 돋구는 야채가 되며 여름에 오이, 양배추, 김치에 넣거나 고기 굽는 데 얹어 먹으면 한결 향미를 돋군다. 차조기 보숭이는 좋은 반찬이 되며 차조기 죽은 보신에 좋다고 한다. 차조기 씨에서 기름을 짜내며, 이 기름에는 강한 방부 작용이 있어 20그램의 기름으로 간장 180리터를 완전히 방부할 수 있다 한다. 또한 제과의 향료로도 쓰인다. 안치오키줌은 그 감미가 설탕의 2천 배나 되는데, 열에서 분해되고 타액으로도 분해되나 그 자균성이 너무 강해 조미료로는 이용하지 않고 방부제로만 쓰인다. 차조기 잎을 따서 그늘에서 말려 만든 분말은 혈액 순환을 돕는 효과가 있으며 종자는 이뇨제로 쓰인다.

「약용식물사전」에 "차조기는 홍분, 발한, 지해(止咳), 진정, 진통, 이뇨제로 쓴다. 그 밖에 방향성 건위제도 되며 건뇌, 출혈 등에 좋고 담을 없애며 치질, 뇌의 질환, 혈액 순환 촉진, 천식 등에 응용된다. 건뇌에는 잎을 응달에 말려 가루로 하여 밥에 쳐서 먹든가 혹은 20그램의 말린 분말을 2홉의 물에 끓여 반량으로 졸여 마신다"고 씌어 있다. 「본초」에서는 "차조기는 성질이 온하고 맛이 맵고 독이 없다. 심복(心腹)의 창만(脹滿), 곽란, 각기를 다스린다. 대, 소변을 통하게 하고 모든 냉기를 없앤다. 기운이 심히 향기로운 것은 약용하고, 향기가 없는 것은 야소(野蘇)이니 약용하지 못한다"고 하였다.

연(蓮, 荷, 蓮花) Nelumbo nucifera Gaert.

연꽃, 런꽃, 런, 런실(생약명), 연자(蓮子), 연밥, 연륙(蓮肉), 연엽(蓮葉) 등으로 불리는 수련과의 여러해살이풀이다. 원래 열대 아시아 지방의 원산으로 농가에서 재식도 하며, 연못에 관상용으로도 심는 물에서 자라는 풀이다. 1미터 높이로 자라서 7, 8월에 홍색, 백색 등의 꽃이 피고 10월에 종자가 익는다. 식용, 관상용, 약용으로 쓰이는데 지하의 비대한 뿌리와 잎자루를 식용한다. 연못의 관상초로도 심으며 한방과 민간에서 지혈, 지사, 변혈, 탈항, 대하증, 신장염, 진통, 주독, 보익, 이혈, 해열, 폐담, 야뇨, 신경 쇠약, 건위, 임질, 요통, 안태 등의 약재로 쓴다.

주요 성분 근경에 아스파라긴, 아르기닌, 레시진 및 다량의 전분(澱粉)을 함유하고 있다.

채취 방법 10, 11월에 과실이 익으면 베어내어 꽃줄기째로 볕에 건조하여 과실(연밥)만 골라내어 종이 봉지에 넣어 건조한 곳에 보관하며 뿌리는 10월부터 이듬해 4월까지 수요에 의하여 채취하며 뿌리가 끊어지지 않도록 주의해야 한다.

용도 질소 화합물, 레시진 등을 다량 함유하고 있어서 강장약, 또는 식료품으로 적합한 식물이다. 연뿌리 달인 즙은 구내염(口內炎)이나 편도선염에 약으로 먹으면 좋다. 연뿌리의 생것을 강판에 갈아 즙(汁)을 낸 것을 2, 3잔씩 식간(食間)에 마시면 폐결핵, 각혈, 하혈 등에 특효가 있다. 밥에 연뿌리를 잘라 넣고 불을 때면 밥의 향기가 높아지고 단맛도 난다. 또한 잎사귀를 말려 달인 즙을 복용하면 버섯 먹은 후의 중독, 이뇨, 지혈, 몽정, 정신의 침쇠, 치질의 출혈, 요통, 설사, 임질, 오줌싸는 병 등에 효과가 있다. 이의 용량은 1회 10 내지 15그램을 0.4리터의 물을 부어 끓여서 반량으로 졸여서 복용한다. 대체로 연뿌리와 같은 효과가 있다.

연 잎사귀로 만든 죽은 정력(精力)을 증진시키는 데 비상하여 중국 청말(淸末) 태평천국(太平天國)의 홍수전(洪秀全)은 이것을 상용하고 수백의 여인을 거느렸으며, 이밖에 중국 역대의 풍류 황제(風流皇帝) 가운데에는 이것을 상용해서 쇠약해진 원기를 되찾아 정력 왕성(精力旺盛)하게 되었다는 구전도 있다. 연꽃도 잎사귀와 같은 약효가 있다. 유방(乳房)의 종기에 흰꽃의 꽃잎을 말려 이것을 침으로 적셔 바르면 그 종기가 낫는다. 연꽃 잎을 갈고 빻아 그것을 종기에 붙이면 고름을 빨아내는 효과가 있다. 수술은 응달에 말려 두었다가 매일 세 번씩 1회 1 내지 3그램을 마시면 점차로 치질이 낫게 된다. 벌집처럼 생긴 연방(蓮房)을 짓이겨 동상에 바르면 좋다. 달여서 마시면 나쁜 피를 고치는 효과가 있다. 1회에 5 내지 10그램의 연방을 물 0.3리터에 넣어 그 반량으로 달인다. 열매의 딱딱한 과피(果皮)를 벗겨 달여서 마시면 신체 허약, 설사병, 몽정, 자양 강장약(滋養強壯藥) 등이 되며 연뿌리와 같은 효과가 있다. 이 열매로 만든 죽은 혈액을 보호하고 정신을 키우며 심장에 효과가 있다. 특히 정력을 강하게 하며 노쇠한 불능자(不能者) 등에 두드러지게 효과가 있다. 죽을 만드는 법은, 과피를 벗기고 그것을 쌀과 함께 끓이면 된다. 뿌리보다 그 작용이 강한 듯하다고 한다. 어린 싹도 약효가 놀랍다. 단단한 과피를 벗기면 희고 비후한 자엽(子葉)이 있고, 그 중간에 짙은 녹색의 연잎을 축소한 모양의 것이 있다. 이것이 유아이다. 한방에서는 연자심(蓮子心)이라고 하는데, 약효는 열매와 같으나 그것보다도 더욱 효과가 있는 것으로 전해지고 있다고 여러 책에 씌어 있다. "보통 식물의 종자는 10년 이상의 수명을 유지하는 경우가 매우 적지만 연의 과실은 천년 이상이나 그 수명을 유지하고, 그 발아율(發芽率)도 거의 100 퍼센트라는 것이므로 과연 놀라울 뿐이다"라고 씌어 있다.(앞)

범의귀(虎耳草, 澄耳草, 虎耳下, 金銀草, 疼耳草) Saxifraga stolonifera Meerb.

바위취, 겨우살이, 호이초(생약명) 등으로 불리는 범의귀과의 여러해살이풀이다. 우리나라 중부, 북부 지방에 흔히 자라며 농가에서 재식 및 화초로 흔히 심는 풀이다. 겨울에도 잎이 시들지 않으며 20에서 30센티미터의 높이로 자라고 5월부터 7월 사이에 꽃이 핀다. 꽃은 꽃잎 위쪽으로 홍자색의 꽃과 털이 있으며, 아래쪽은 백색으로 핀다. 9월에 종자가 익으며 관상용, 약용으로 쓰인다. 화단이나 화분에 관상초로 심는다. 한방과 민간에서 보익, 독충 등의 약재로 쓰인다.

주요 성분 베르게닌(Bergenin) 등 여러 가지가 함유되어 있다.

채취 방법 이 풀은 4계절 살아 있기 때문에 필요할 때마다 채취하여 쓴다.

용도 잎 모양이 호랑이 귀를 닮았다 하여 호이초(虎耳草)란 이름이 붙었다. 잎은 어린이의 경련, 귓병, 종기, 화상, 치질, 해열 등에 효과가 있다. 어린이 경련에는 잎 10매 정도를 깨끗이 씻어 소금을 조금 넣고 문지른 후 그 즙을 짜서 입 속에 넣어 주면 특효가 있다. 심한 단독(丹毒)으로 뇌증(腦症)을 일으켜 경련을 일으킨 아이에게 그 즙을 마시게 했더니 다시는 경련을 일으키지 않은 예도 있다 한다. 종기와 동상에는 날잎사귀에 불을 연하게 쬐어 붙여 준다. 백일해에는 생잎사귀를 문질러서 만든 즙을 조금씩 1일 3회 마신다. 1회 양은 5 내지 6매의 잎사귀가 좋다. 기침이 날 때에도 마시면 효과가 있으며, 뱀에 물렸을 때나 벌레에 쏘였을 때 날잎을 으깨서 짜낸 즙을 바르면 좋다. 한방에서는 호이하(虎耳下), 금은초(金銀草)라고도 하며, 잎은 이질병(耳疾病), 독충(毒虫) 등에 특효가 있다.

꼭두서니(茜草, 黑果茜草, 茜染) Rubia akane Nakai.

가삼자리, 가삼사리, 천초근(茜草根, 생약명) 등으로 불리는 꼭두선과의 여러해살이 덩굴풀이다. 전국의 산야지, 구릉지나 인가 주변의 울타리 등에 흔히 자란다. 1미터 길이로 자라며 7, 8월에 백색의 꽃이 피고 10월에 흑색의 종자가 익는다. 식용, 공업용, 약용으로 쓰인다. 염료의 원료로도 쓰이며 한방과 민간에서 황달, 지혈, 토혈, 이뇨, 통경, 해열, 강장, 정혈, 풍습 등의 약재로 쓰인다.

주요 성분 퍼푸린(Purpurin) 등 여러 가지 성분이 함유되어 있다.

채취 방법 종자는 10월경에 흑색으로 익었을 때 수확하여 볕에 말려 보관한다. 뿌리는 가을이나 초겨울에 캐내어 잘 씻어서 볕에 말려서 보관한다.

용도 예부터 이 풀은 천염(茜染)이라 하여 원래 붉은색의 원료가 생긴 것이 이 풀의
뿌리에 인한 것이다. 옛 문헌에 의하면 부인의 경수가 잘 나오지 않을 때에 이 풀의
열매를 달여 먹으면 반드시 효과가 있다고 한다. 검은 열매를 말려서 20 내지 30알을
하루 양으로 하여 달여 먹으면 월경 불순도 낫는다고 한다. 뿌리 말린 것 10그램,
물 500cc와 100cc의 술을 반이 될 때까지 달여서 1일 3회 복용하면 효과가 있다.
뿌리는 이뇨, 구내염, 편도선염, 잇몸 염증에 뿌리를 달인 즙으로 상처 부위를 세척하
면 낫는다. 늦가을 서리가 내리고 첫눈이 올 때에도 새까만 이 열매가 시든 줄기에
조롱조롱 매달려 있다.(왼쪽, 오른쪽)

띠(白茅, 茅草, 茅根) Imperata cylindrica Beauv. var. koenigii Durand. et. Schinz.

삐비, 삘기, 망우초, 모초(茅草, 생약명), 백모근 등으로 불리는 화본과의 여러해살이풀이다. 전국의 산야지, 초원지, 밭둑이나 논둑에 흔히 자라는 풀이다. 30에서 60센티미터의 높이로 자라며 5월에 꽃이 피는데 꽃은 백색에 꽃술은 자주색으로 핀다. 6월에 종자가 익으며 식용, 약용으로 쓰인다. 꽃이 피기 직전 어린 꽃봉오리 줄기를 삐비라 하여 예부터 봄에 어린이들이 즐겨 먹는다. 한방과 민간에서 이뇨, 신장염, 부종, 고혈압, 보익, 해열, 구토, 주독, 청혈, 소염, 종창, 월경 불순, 지혈, 출혈, 피부염, 황달, 폐병, 방광염 등의 약재로 쓰인다.

주요 성분 인리좀(In-rhizome), 칼륨염, 자당, 포도당, 구연산, 사과산, 유기산 등이 함유되어 있다.

채취 방법 늦가을에 땅속의 뿌리(희고 약간 비대하다)를 캐내어 깨끗한 가마니에 말려서 근경의 포엽(껍질)을 벗기고 물에 씻어서 그늘에서 다시 말려 상하지 않도록 보관한다.

용도 예부터 뿌리를 캐어 씹으면 당분이 있기 때문에 달콤한 맛이 나서 아이들이 즐겨 먹었다. 꽃 피기 전의 이삭도 맛이 단백하다. 겨울에 땅속 줄기를 캐어 잘게 잘라서 1일 8 내지 12그램을 물 0.4리터에 넣어 물의 양이 반이 되게 달여서 차 마시듯 하루에 여러 번 마시면 이뇨에 효력이 있다.

「본초」에서는 "모근(茅根)은 열을 없애 주고 소변을 통하게 하며 황달, 수종 등을 치료한다. 또한 출혈에도 효과가 있고 토혈, 방광염, 비혈, 월경 불순, 해열 등에도 효과가 있다. 백일해는 흰 이삭과 속의 어린 잎, 얼음, 설탕 등 3가지를 같이 넣어 달여 먹는다"라고 하였다.

용담(龍胆, 草龍膽)   Gentiana scabra Bunge. var. buergeri Max.
  룡담, 초룡담, 용담, 섬용담, 가는과남풀, 초용담(草龍膽, 생약명) 등으로 불리는 용담
과의 여러해살이풀이다. 제주도나 육지의 산지, 초원에서 자라는 풀이다. 60센티미터
의 높이로 자라며 8월부터 10월 사이에 짙은 하늘색의 꽃이 핀다. 11월에 종자가
익으며 관상용, 식용, 약용으로 쓰인다. 근래에는 화훼용으로 재배도 하며 이 꽃으로
술도 담근다. 한방과 민간에서 건위, 설사, 창종, 게소, 간질, 경풍, 회충, 심장염, 습진
등의 약재로 쓰인다.
  주요 성분   고미 배당체(苦味配糖體)인 겐치오피크린 등이 함유되어 있다.
  채취 방법   10월 하순경 풀잎이 마를 무렵 뿌리를 캐어 물에 깨끗이 씻어 햇볕에
말려 잘 보관한다.
  용도   뿌리가 쓴맛이 많기 때문에 웅담(熊膽)이라고도 불렸다 하며 용의 간, 곧 용담
이라 불리게 됐다. 양의학계에서도 고미 건위제(苦味健胃劑)로 사용한다고 한다. 한방
에서 고미 건위약으로 소화 불량, 식욕 부진 등에 사용한다. 말린 뿌리나 생뿌리를
잘게 썰어서 2 내지 3배 가량의 배갈이나 소주를 부은 다음, 설탕을 전체 양의 3분의
1 정도 넣는다. 3개월이 지난 후 그 색깔이 담황색으로 되면 건더기를 건져내고 먹게
된다. 이것을 용담주(龍膽酒)라 하며 위염, 위산 과다증, 위산 과소증 등의 위 질환에
효과가 있다. 장 질환에도 효과가 있다고 하며, 정장(整腸)과 강장제(強壯劑)로서도
좋다고 「동의보감」에 적혀 있다.

이질풀(玄草, 老鸛草, 玄之草, 痢疾草, 現草, 鼠掌草)   Geranium thunbergii sieb. et Zucc.

광지풀, 현초(玄草, 생약명), 현지초(玄之草), 방우아(牻牛兒) 등으로 불리는 쥐손풀과
의 여러해살이풀이다. 전국의 산야지, 초원이나 길가 둑, 밭둑 등에 흔히 자라는 풀이
다. 1미터 높이로 자라며 8월부터 10월 사이에 홍색의 꽃이 피고 10월에 종자가
익는다. 관상용, 약용으로 쓰이며 화단에 관상초로도 심는다. 한방과 민간에서 적리,
역리, 변비, 대하증, 방광염, 피부염, 종창, 위궤양 등의 약재로 쓰인다.

주요 성분 탄닌, 퀘르세찐, 배당체, 몰식자산(沒食子酸), 호박산(琥珀酸) 등이 함유되
어 있다.

채취 방법 7월 하순에 줄기와 잎을 베고 10월에 다시 한번 채취하여 그늘에 잘
보관한다.

용도 이 풀은 한방에서는 그다지 많이 사용되지 않으며, 대개 민간약으로 쓰인다.
이질, 배 아픈 데, 위장병 등에 달여 마신다. 또한 가축 가운데 특히 양계(養鷄)나
다량으로 육계를 기르는 곳엔 긴요하게 쓰이는 풀이다. 병아리 때부터 이 풀을 달인
물을 물 대신 먹이면 닭의 백리병(白痢病) 등 위장병의 예방과 기타 치병이 된다고
한다. 일본에서는 영약으로 여기는 풀이다. 노학초라는 이름은 일본에서 통용되는
이름이며, 예부터 이질에 특효가 있다 하여 이질풀이라고 불린다. 일본 사람들은
위장 질환에 약한 데 이 풀 말린 것을 달여 마시면 어떠한 설사도 낫는다 하여 영초
로 여긴다. 이장 복통, 적백리(赤白痢), 식상, 임질, 자궁 내막염, 변비, 종기, 감기,
폐병, 소나 말의 설사에도 잘 듣는다 한다. 체해서 복통과 설사가 일어났을 때 이
풀 말린 것 20 내지 26그램을 물 4홉에 넣어 반량이 될 때까지 달여서 1회에 마시면
즉효가 나타나며, 2 내지 3회 더 복용하면 좋다.

박주가리(蘿藦, 賴瓜, 老鴉藤, 蘿藦籽) Metaplexis Japonica Makino.
　나마자(박주가리 열매) 등으로 불리는 박주가리과의 여러해살이풀이다. 전국의 산야
지나 냇가의 둑 근처, 풀밭이나 나무에 감아 올라가는 풀이다. 3미터 높이로 자라며
7, 8월에 흰 털 같은 것이 많이 나 있는 홍자색의 꽃이 핀다. 9월에 종자가 익으며
식용, 공업용, 관상용, 약용으로 쓰인다. 뿌리를 인주(도장밥)의 원료로 쓰며 직물의
원료로도 쓴다. 화단에 관상초로 심으며 민간에서 백선, 백절풍, 익정 등의 약으로

쓰인다. 이 풀은 유독 성분이 있다.
주요 성분 토멘토게닌(Tomentogenin)을 비롯한 여러 가지의 성분이 함유되어 있
다.
채취 방법 가을에 뿌리를 캔다. 물에 씻어 볕에 잘 말리어 보관한다.
용도 섬유질 성분이 들어 있어 공업용으로 사용되며, 공업용 재료로 쓰기 위해서
채취하였던 것 같다. 민간약으로는 별로 유용된 일이 적은 듯하다.(왼쪽, 오른쪽)

약모밀(戢菜, 魚腥草, 魚鱗草, 臭菜, 十藥, 魚腥菜, 側耳根, 丹根草, 臭根草) Houttuynia cordota Buec.

십약(十藥, 생약명), 집약초, 중약초 등으로 불리는 삼백초과의 여러해살이풀이다. 우리나라 울릉도의 야지, 제주도, 중부 지방 평야의 음습한 곳에 자라는 풀로 30센티 미터의 높이로 자란다. 6월에 십자형의 백색 꽃이 피고, 9월에 종자가 익으며 관상용, 약용으로 쓰인다. 정원의 음습한 곳이나, 화단에 관상초로 심는다. 한방과 민간에서 수종, 매독, 방광염, 자궁염, 유종, 폐농, 중이염, 중풍, 폐렴, 피부염, 강심, 고혈압, 간열, 해열, 동맥 경화, 이뇨, 임질, 요도염 등에 약재로 쓰인다.

주요 성분 이소쿠에시트린(Isoquercitrin) 등 여러 가지의 성분이 함유되어 있다.

채취 방법 6월경 꽃이 필 때 잎과 줄기를 채취하여 햇볕에 잘 건조하여 종이 봉지 등에 넣어서 통풍이 잘 되는 곳에 보관한다.

용도 이 풀은 특이한 냄새인 비린내가 난다 해서 어성초(魚腥草)라 하기도 한다. 또 열 가지의 효과가 있다 하여 십약이란 이름도 있다. 꽃이 필 때 전초를 말린 것을 1일 10 내지 15그램을 차처럼 달여서 3회로 나누어 마시면 고혈압의 예방과 임산부의 부기, 화농성, 관절염에 효과가 있다. 특히, 장복하면 고혈압에 특효약이라 알려져 있다. 축농증에 장복하면 효과가 있다하며, 무좀 등에 생잎을 짓찧어 발가락 사이에 바르면 좋다고 전해진다. 그리고 종기의 고름을 빨아내는 작용을 한다고 여러 문헌에 씌어 있다. 흔히 삼백초와 혼동하여 같은 것으로 아는 이도 있으나 같은 성분이 있을지라도 삼백초라는 풀은 따로 있다.

댕댕이덩굴(木防己, 防己, 土木香, 牛木香, 青木香) Cocculus trilobus D.C.
　댕강넝굴(경남 지방), 목방기(생약명) 등으로 불리는 방기과의 낙엽 관목이다. 전국
의 산지 수림이나 전석지, 인가 부근의 울타리 등에 자라는 덩굴 식물이다. 1내지
3미터의 길이로 뻗으며 7월에 꽃이 피는데 꽃은 녹색이 도는 백색이나 황백색이다.
10월에 종자가 익으며 벽흑색(碧黑色)으로 포도송이처럼 익는다. 식용, 공업용, 약용
으로 쓰이며 접착제의 원료로도 쓰인다. 한방과 민간에서 감기, 수종, 중풍, 요도염,
진통, 해열, 설사, 구토, 탈항, 파상풍, 충독, 학질, 곽란, 안질, 고미 건위, 신경통, 류머
티즘, 요통, 이뇨 등의 약재로 쓰인다.
주요 성분　트리로바민(Trilobamine), 알카로이드의 시노메닌, 지시노메닌 등이 함유
되어 있다.

채취 방법 9, 10월에 덩굴 줄기와 뿌리를 캐내어 잘 건조시켜 잘게 잘라서 종이 봉지 등에 넣어 보관한다.

용도 신경통, 방광염, 류머티즘, 부황(浮黃) 등에는 5 내지 8그램을 물 0.8리터에 넣고 달여서 1일 3회에 나누어 마시면 효과가 있다고 한다. 목방기 달인 즙은 중풍(中風)으로 손발이 마비되거나 통증을 느낄 때에도 효과가 있는 것으로 알려져 있다. 소화 불량을 돕고 변비를 통하게 하고 이뇨, 부황, 임질 등에도 효과가 있다고 한다. 특히 방기는 이뇨제로서 해열 작용과 신경을 진정시키는 작용이 있다. 수종각기, 풍습성, 관절통비, 신경통, 중풍 기육통, 요산성, 관절통, 옹종, 혈압 강하(血壓降下) 작용 등에 특효이며 한방기와 목방기는 공용하여도 된다고 씌어 있다. (왼쪽, 오른쪽)

인동(글→뒤)

인동(忍冬, 金銀花, 二苟花, 二寶花, 金銀藤, 銀花, 金花)　Lonicera japonica Thunb.

인동덩굴, 인동넝쿨, 눙박나무, 겨우살이덩굴, 인동(생약명), 금은화 등으로 불리는 인동과의 낙엽 관목이다. 전국의산야지 수림가나 구릉지 혹은 인가 주변 울타리 등에 자라는 덩굴 식물이다. 3미터의 길이로 뻗으며 5월부터 7월 사이에 꽃이 피는데 꽃은 백색으로 피나 며칠이 지나면 황색으로 변한다. 10월에 흑청색의 종자가 익는다. 식용, 관상용, 약용으로 쓰이며 인동주(忍冬酒)를 담그며 화단에 관상초로 심는다. 한방과 민간에서 이뇨, 해독, 종기, 부종, 감기, 지혈, 정혈, 하리, 구토 등의 약재로 쓰인다.

주요 성분　루톨린 이노시톨(Luteolin inositol) 등과 탄닌질, 진경, 항염, 항균 작용의 성분이 있다.

채취 방법　꽃은 흰색으로 피었을 때에 채취하여 잘 말린다. 잎은 여름, 가을까지 채취하여 햇볕에 잘 말려야 한다. 줄기도 가을에 채취하여 잘 건조시켜 모두 종이 봉지에 보관한다.

용도　이 인동덩굴은 겨울에도 덩굴이 마르지 않고 살아 있으며, 간혹 푸른 잎도 살아 있다. 그래서 겨우살이덩굴이란 이름도 있다. 금은화(金銀花)는 흰꽃이 황색으로 변해, 한 덩굴에 흰꽃 노란꽃이 같이 있다 하여 붙여진 이름이다. 꽃을 따서 빨면 꿀이 나오므로 어린이들이 즐겨 따먹는 꽃이기도 하다. 겨울을 참고 견디어 낸다 하여 인동(忍冬)이란 이름이 붙여졌다 한다. 줄기, 잎, 꽃 등을 채취하여 말려 1일 20 내지 30그램쯤을 달여서 식후에 차 대신 마시면 여러가지 종기, 창(瘡), 악성 부스럼, 매독(梅毒) 등에 효과가 있다. 기타 이뇨제가 되며 감기, 해열, 숙취, 장(腸), 임질, 관절통, 요통, 타박상, 탈항, 치질 등에도 잘 듣는다고 한다. 그래서 인동을 만병의 약초라고 부르기도 하며, 어떤 이는 인삼과 맞먹는 효능이 있다고도 전한다. 한방에 의하면 인동덩굴은 해열, 정혈, 소염, 진통 등의 약효가 있다. 꽃은 산열 해독, 소종, 거농, 소염, 청혈, 이뇨, 살균 작용이 있어서 열성(熱性)병, 화농성 질환, 급만성 임질, 매독, 농양, 개선, 종독, 악창 등에 특효가 있다고 한다. 말린 줄기와 잎을 달여 그 즙으로 자주 양치질을 하면 초기의 류머티즘에 효과가 있다. 양치액을 만드는 방법은 잎 2그램과 물 150로 적당히 끓여 걸러내어 차고 어두운 곳에서 식힌 것을 사용한다. 인동주는 배갈 1되에 인동꽃 80그램을 넣고 약간 불에 데운 다음 1개월 후에 꽃이 다 으깨지도록 자루 속에 넣고 문질러 빼낸다. 이 술을 작은 잔으로 식사 때 한 잔씩 마시면 건강주가 된다. 인동주는 각기병에 좋다. 목욕물에 풀어 입욕하면 습창, 요통, 관절통, 타박상에 좋다. 여기에 창포 등을 추가한 약탕은 개선(疥癬) 등에 효과가 있다고 문헌에 전한다.(앞, 왼쪽)

삼(大麻, 麻, 白麻, 胡麻, 野麻, 火麻, 大麻籽, 火麻仁, 麻仁)　Cannabis sativa L.

마인(삼씨), 역삼 등으로 불리는 뽕과의 한해살이풀이다. 중앙아시아가 원산지인 이 식물은 농가에서 재식도 했으나 지금은 드물게 재배하는 풀이다. 2.5미터 높이로 자라며 7, 8월에 녹황색의 꽃이 피고 10월에 종자가 익으며 공업용, 약용으로 쓰인다. 한방과 민간에서 구토, 난산, 회충, 변비, 설사, 이뇨, 타박상, 대하증, 당뇨, 진정, 고미 건위, 최민 등의 약재로 쓰인다.

주요 성분　갠비디몰(Cannbidiol) 등 여러 가지의 성분이 함유되어 있다.

채취 방법　10월에 종자를 채집하여 잘 건조하여 보관한다.

용도　이 풀의 종자는 삼씨라 하며 식용, 약용, 제유(製油)와 가축의 사료 등에 쓰인다. 성질이 따뜻하고 맛이 쓰며 독이 없다고 씌어 있다. 심한 갈증에는 껍질 벗긴 삼씨를 삶아 그 물을 차처럼 자주 마시면 좋고, 당뇨병의 예방과 치료에도 효과가 있다. 요통과 사지 마비에는 동절기의 삼씨 3그램을 곱게 으깨서 2되의 물을 붓고 즙을 낸 다음, 이 즙에 적당량의 쌀을 넣어 죽을 쑤어 파와 후춧가루, 소금으로 양념을 하여 1일 3회 식간(食間)에 한 그릇씩 복용하면 좋다. 풍습, 종창에도 이렇게 하면 장기 복용으로 좋은 효과를 얻을 수 있다고 한다.

「동의보감」에는 "위장 질환과 각종 신경통에 내로익기환(耐老益氣丸)을 만들어 복용하여 치료를 한다. 껍질 벗긴 삼씨와 검은 콩을 2대 1의 비율로 섞어 은근한 불에 볶아서 고운 가루를 만들고, 그 가루를 꿀에 개어서 녹두알 정도의 환약을 만드는 이것을 내로익기환이라 한다. 이 환약을 1일 3회 더운물로 50알씩 장기 복용한다. 기력을 돕고 대, 소변을 이롭게 하며 건강 장수에 효과가 있다"라고 씌어 있다.

범부채(射干, 山蒲扇, 扁竹, 扁把草) Belamcanda chinensis Leman.

　사간(생약명), 사간꽃뿌리 등으로 불리는 붓꽃과의 여러해살이풀이다. 전국의 산야지나 인가의 화단에 종종 볼 수 있는 풀이다. 1미터의 높이로 자라며 7월에 자주색 반점의 붉은색 꽃이 피고 9월에 종자가 익으며 관상용, 약용으로 쓰인다. 화단에 심어 화초로 흔히 쓰이며 한방과 민간에서 소염, 진해, 편도선염, 진통, 폐렴, 해열, 각기, 아통, 진경 등의 약재로 쓰인다.

주요 성분　소염 작용 성분이 있다.

채취 방법　가을에 뿌리와 줄기를 잘 건조시켜 보관한다.

용도　한방에서는 사간이라 하여 뿌리와 줄기를 사용된다. 민간에서는 안질병에 말린 종자를 1회에 1알 달여 그 즙으로 눈을 씻거나 씨를 먹으면 안질이 치료된다고 전해 온나. 뿌리, 줄기 말린 것을 1일 10그램 정도를 달여 마시거나 입을 세척하면 목구멍이 부은 데, 통증, 편도선염 등에 효과가 있다고 한다.

참으아리(黃藥子) Clematis maximowicziana Fr. et. Sev var. Paniculata Nakai.
  미나리아재비과의 낙엽 관목이며 유독성 식물이다. 우리나라 중부 지방 산지, 북부 지방 산야의 양지 쪽에 흔히 자라는 덩굴 식물이다. 2미터 길이로 뻗으며, 8월에 백색의 꽃이 피고 9월에 종자가 익는다. 관상용, 약용으로 쓰이며 정원 등에 관상용으로 심는다. 한방에서는 천식, 복중괴, 풍질, 각기, 절상, 파상풍, 약종, 발한, 계소 등의 약재로 쓰인다.
  주요 성분 프로트아네모닌 등이 함유되어 있다.

채취 방법 가을에 뿌리와 줄기를 채취하여 잘 말리어 보관한다.

용도 이 식물은 독성이 있기 때문에 민간약으로는 함부로 쓰지 못하고 한방에서
많이 사용한다. 흔히 위령선(威靈仙)이라고 하는데 성분은 비슷하지만 위령선이라는
식물은 따로 있다. 미나리아재비과에 속해 있는 식물들은 거의가 유독성이 있다.
한방에서는 피부를 붉게 하는 성분이 함유되어 있어 이 작용을 이용하여 외용 진통약
으로 쓰인다고 한다. 이러한 식물들은 한방의 처방에 의하여 전문가가 사용해야 된
다.

두릅(왼쪽)
참나물(오른쪽, 위)
산나물(오른쪽, 아래)

참고 문헌

송주덕「韓國資源植物圖鑑」1983
이창복「大韓植物圖鑑」1979
이영노「한국동식물 도감」1976
정태현「朝鮮野生食用植物」1942
김태정「韓國野生花圖鑑」1988
張宏文「中韓植物名稱事典」1978
牧野富太郎「日本植物志」1919
中國「本草綱目」1578
中國「中草藥學」1975
삼성당「東醫寶鑑」1987
이기희, 박창우「食餌百科」1976
오성출판「藥草大全書」1983
장영훈「漢方藥草百科」1986
정태현「藥用植物재배법」1950

빛깔있는 책들 301-2

약이 되는 야생초

초판 1쇄 발행 | 1989년 2월 26일
초판 14쇄 발행 | 2007년 2월 28일
재판 1쇄 발행 | 2013년 6월 25일

글 | 김태정
사진 | 김태정
발행인 | 김남석

편 집 이 사 | 김정옥
편집디자인 | 임세희
전   무 | 정만성
영 업 부 장 | 이현석

발행처 | (주)대원사
주   소 | 135-230 서울시 강남구 일원동 642-11 대도빌딩 3층
전   화 | (02)757-6717~6719
팩시밀리 | (02)775-8043
등록번호 | 등록 제3-191호
홈페이지 | www.daewonsa.co.kr

값 8,500원

ISBN 978-89-369-0094-6

빛깔있는 책들

건강 식품(분류번호:202)

즐거운 생활(분류번호:203)

건강 생활(분류번호:204)

한국의 자연(분류번호:301)

미술 일반(분류번호:401)

역사(분류번호:501)